BEYİN

SENİN HİKÂYEN

DAVID EAGLEMAN'IN DİĞER KİTAPLARI

Ve... Sonraki Hayattan Kırk Öykü

Incognito: Beynin Gizli Hayatı

Yaratıcı Tür (Anthony Brandt ile)

Canlı Devre

The Safety Net: Surviving Pandemics and Other Disasters

Wednesday is Indigo Blue (Richard Cytowic ile)

Brain and Behavior: A Cognitive Neuroscience Perspective (Jonathan Downar ile)

BEYİN

SENİN HİKÂYEN

DAVID EAGLEMAN

ÇEVİRİ: ZEYNEP ARIK TOZAR

domingo

domingo

BEYİN - SENİN HİKÂYEN
DAVID EAGLEMAN

Özgün ismi: The Brain: The Story of You

Domingo, Bkz Yayıncılık markasıdır.
Sertifika No: 46105

Çeviri: Zeynep Arık Tozar
Kapak uyarlama: Miray Doğan
Sayfa uyarlama: Bahadır Erşık

Kapak görseli © Blink Films, 2015

ISBN: 978 605 4729 69 2

1. Baskı: Mayıs 2016
27. Baskı: Nisan 2023
Larus Yayınevi ve Tic. A.Ş.
Bağlar Mah. 62. Sokak Yıldızlar Plaza No: 10/A
Bağcılar İstanbul • Sertifika No: 49657
Tel: (212) 446 38 88

Bkz Yayıncılık Ticaret ve Sanayi Ltd. Şti.
Harbiye Mah. Cumhuriyet Cad. Pak Apt. No: 30
Kat: 1 Daire: 3 Şişli İstanbul
Tel: (212) 245 08 39
e-posta: domingo@domingo.com.tr
www.domingo.com.tr

İçindekiler

GİRİŞ

Beyin bilimi hızlı ilerleyen bir alan olduğundan, şöyle bir adım geriye çekilip genel manzaraya göz gezdirmek, alandaki çalışmaların yaşamımız için taşıdığı anlamı irdelemek, biyolojik bir canlı olmanın ne anlama geldiğini yalın ve basit bir biçimde değerlendirmek nadiren mümkün olur. Bu kitap, işte bunları gerçekleştirmek amacıyla yola koyulmuştur.

Beyin bilimi önemlidir. Kafatasının içinde bulunan tuhaf bilgisayımsal malzeme, dünyada yolumuzu bulurken yararlandığımız algısal düzeneğin, kararlarımızı oluşturan ya da hayal gücümüze kaynak olan maddenin ta kendisidir. Hem düşlerimize hem de günlük yaşantımıza biçim veren, beynin birbirleriyle sürekli iletişim halindeki milyarlarca hücresidir. Beyinle ilgili daha sağlam bir kavrayış ise, kişisel ilişkilerimiz ve toplumsal ilkelerimizin merkezindeki değer yargılarımıza ve buna paralel olarak nasıl mücadele ettiğimiz, birilerini neden sevdiğimiz, doğru kabul ettiklerimiz, eğitim anlayışımız, daha iyi bir toplumsal politikayı nasıl biçimlendirebileceğimiz gibi konulara ışık tutar. Türümüzün tarihi ve geleceği, beynin mikroskobik ölçekteki devrelerine kazınmıştır.

Beynin yaşamımızda oynadığı merkezi rolden yola çıkarak, toplumun beyin hakkında neden bu kadar az konuştuğunu, neden onun yerine yayın organlarını ünlülerle ilgili dedikodular ve *reality show*'larla doldurmayı yeğlediğini merak edip dururdum. Ama artık beyinle ilgili bu kayıtsızlığın, bir ihmalden çok bir ipucu olarak ele alınabileceğini düşünüyorum: Kendi gerçekliğimiz içine öylesine hapsolmuş durumdayız ki, tutsaklığımızın farkına varmamız bile son derece güçleşmiş durumda. İlk bakışta, üzerinde konuşacak bir şey varmış gibi görünmüyor gerçekten de... Dış dünyada renkler elbette var. Belleğim elbette bir video kamera gibi işliyor. İnançlarımın gerçek nedenlerini elbette biliyorum.

Kitabın sayfalarında, işte bütün bu varsayımlarımıza ışık tutmayı hedefledim. Kitabı yazarken gözettiğim nokta ise, daha derin bir sorgulama düzeyini yakalayabilmek adına, ders kitabı kalıplarının dışına çıkmak oldu. Nasıl karar verdiğimiz, gerçekliği nasıl algıladığımız, kim olduğumuz, yaşamlarımızın nasıl yönlendirildiği, başka insanlara neden ihtiyaç duyduğumuz ve dizginlerini kendi eline yeni yeni almaya başlamış bir tür olarak nereye yol aldığımızla ilgili olmalıydı bu sorgulama. Bu proje bir anlamda, akademik literatür ile, beyin sahibi canlılar olarak sürdürdüğümüz yaşam arasında bir bağ kurma çabasıdır. Burada benimsediğim yaklaşım, yazdığım akademik makaleler kadar, diğer nörobilim kitaplarımda benimsemiş olduğum yaklaşımdan da ayrılır. Farklı bir okuyucu kitlesine seslenmeye çalıştığım bu proje konuyla ilgili herhangi bir ön bilgi de gerektirmez; varsaydığı ön-koşul, merak ve kendini anlamaya duyulan açlıktan ibarettir.

Öyleyse iç kozmosa doğru yapacağımız bu hızlı yolculuk için hazırlanabilirsiniz. Milyarlarca beyin hücresi ve birbirleriyle kurdukları trilyonlarca bağlantıdan oluşan sonsuz yoğunluktaki bu ağın içinde, görmeyi belki de hiç beklemediğiniz bir şeyi bulabileceğinizi umuyorum: kendinizi.

1

BEN KİMİM?

İnsanlarla yaptığınız günlük konuşmalardan kültür birikiminize kadar, yaşamınız boyunca kazandığınız bütün deneyimler, beyninizdeki mikroskobik ayrıntıları biçimlendirir. Nöral açıdan bakıldığında kim olduğunuz, nerede bulunmuş ve neler yapmış olduğunuza bağlıdır. Beyniniz yorulmak bilmeden biçim değiştirir ve sahip olduğu devreler sistemini sürekli olarak yeniden kurar. Deneyimleriniz benzersiz olduğundan, beyninizdeki nöral ağların içerdiği geniş ve ayrıntılı örüntüler de benzersizdir. Beyniniz yaşamınız boyunca değişmeye devam edeceğinden, kimliğiniz de aslında yer değiştiren bir hedeften farksızdır; nihai varış noktası yoktur.

Nörobilim günlük hayatımın bir parçası olduğu halde, bir insan beynini elime her aldığımda ona hayranlıkla bakakalırım. Yabana atılmayacak ağırlığını (yetişkin bir insan beyni yaklaşık 1,5 kilogram ağırlıktadır), tuhaf, jölemsi kıvamını ve derin yarıklarla birbirinden ayrılan şişkin kıvrımlı yüzeyini bir kenara bırakalım; beynin çarpıcı yönü, fiziksel varlığının ta kendisidir. Bu alelade madde kütlesi, yarattığı zihinsel süreçlerle öyle bir tezat oluşturur ki...

Düşünce ve düşlerimizin, anılarımız ve deneyimlerimizin tümü bu tuhaf nöral dokudan doğar. Kimliğimiz, beynin çapraşık elektrokimyasal ateşlenme örüntülerinde saklıdır. Bu etkinliklerin sonlanması, bizim de sonumuz demektir. Etkinliklerin, hasar ya da ilaçlara bağlı olarak karakter değiştirmesi, bizim de hiç sektirmeden karakter değiştirmemiz anlamına gelir. Vücudun diğer bütün kısımlarında izlenenden farklı olarak, beyinde küçük bir hasarın gelişmesi, kişiliğinizde kökten değişimlere yol açabilir. Bunun nasıl mümkün olabildiğini anlamak için, her şeyi en baştan ele alalım.

TAMAMLANMAMIŞ DOĞMAK

Biz insanlar, tümüyle aciz halde doğarız. Yürüyene kadar bir yıl geçer; biçimlenmiş düşünceleri dile dökene kadar kabaca iki yıl, başımızın çaresine bakar hale gelene kadar da birçok yıl daha... Hayatta kalmak için çevremizdeki insanlara tümüyle bağımlıyızdır. Şimdi bir de memelilerin çoğu için geçerli duruma bakalım. Sözgelimi yunuslar, daha doğumda yüzmeye başlarlar; zürafalar ayakta durmayı saatler içinde öğrenirler; bir zebra yavrusu da doğumu izleyen kırk beş dakika içinde koşabilir. Hayvanlar âlemi içindeki akrabalarımızın, doğumdan kısa süre sonra kazandıkları bu bağımsızlık oldukça çarpıcıdır.

İlk bakışta diğer türler için büyük bir avantaj gibi görünen bu durum, aslında önemli bir sınırlamaya işaret eder. Hayvan yavrularındaki bu hızlı gelişimin nedeni, beyinlerinin büyük oranda önceden programlanmış bir şablona göre bağlantılar kurmasıdır. Ancak bu hazırlıklılık için ödenen bedel de esneklik olacaktır. Kendini bir anda Kuzey Kutup Bölgesi'ndeki bir tundrada, Himalayalar'daki bir dağın tepesinde ya da Tokyo kentinin ortasında bulan bahtsız bir gergedan düşünün. Bu gergedanın yeni bölgeye uyum gösterme becerisi yoktur; ki, bu bölgelerde gergedan bulunmamasının nedeni de budur zaten. Önceden programlanmış bir beyinle doğma stratejisi, ekosistem içindeki belirli bir bölgede işe yarar. Ama hayvanı o bölgeden çıkardığınızda yaşama ve gelişme şansı düşük olacaktır.

İnsanlar ise aksine, buzlu tundralardan yüksek dağlara ya da vızır vızır işleyen kentlere kadar birçok farklı ortamda yaşama becerisine sahiptir. Bunun mümkün olmasının nedeniyse, gelişimi şaşılası ölçüde eksik kalmış birer beyinle doğuyor olmamızdır. İnsan beyni, her şey devrelerine "kazınmış" halde ortaya çıkmaz; onun yerine, yaşamsal deneyimlerin ayrıntılarıyla sürekli olarak yeniden biçimlenme olanağı tanır kendisine. Yardıma muhtaç halde geçirilen uzun dönemler, işte bu sürecin sonucudur. Genç beyin, bu zaman aralıklarında çevresine uyum gösterecek biçimde yavaş yavaş yoğrulmaktadır. Çünkü yaşam karşısında değişmez değil, esnektir.

MERMERDE GİZLENMİŞ HEYKEL

Genç beyinlerdeki esnekliğin sırrı nedir? Bunun yeni hücre oluşumuyla ilgili olduğu söylenemez; hatta çocuk ve yetişkinlerdeki beyin hücrelerinin sayısı aynıdır. İşin sırrı, bu hücrelerin birbirine nasıl bağlandığında yatar.

Yeni doğan bir bebeğin nöronları birbirinden oldukça farklı ve bağlantısızdır. Yaşamın ilk iki yılında, aldıkları duyusal bilgilere bağlı olarak nöronlar birbirleriyle çok hızlı biçimde bağlantı kurmaya başlarlar; öyle ki, bebeğin beyninde saniyede yaklaşık iki milyon yeni bağlantı, yani sinaps oluşur. İki yılın sonunda bebekteki sinapsların sayısı yüz trilyonu aşarak, bir yetişkindeki sinaps sayısının iki katına ulaşır.

Beyin, artık bir zirve noktasına ulaşmış ve ihtiyaç duyacağından çok daha fazla bağlantı kurmuş

ESNEK AĞLAR

Birçok hayvan, bazı içgüdüler ve davranışlar için genetik olarak önceden programlanmış halde doğar; yani bu içgüdü ve davranışlar kalıp halinde beyne "kazınmış" durumdadır. Sahip oldukları genler, bu hayvanların vücut ve beyinlerinin belirli biçimlerde inşasının, yani neye dönüşecekleri ve nasıl davranacaklarının talimatını verir. Bir sineğin, önünden geçen bir gölgeden kaçma refleksi, bir kızılgerdanın kış geldiğinde güneye uçma içgüdüsü, bir ayının kış uykusuna yatma isteği, bir köpeğin, sahibini koruma dürtüsü... Bunların hepsi beyne kazınmış içgüdü ve davranışlara örnektir. Önceden programlanmış olmak, bu canlılara doğumdan itibaren ebeveynleri gibi hareket etme, bazı durumlarda da kendi yiyeceklerini temin edip diğerlerinden bağımsız olarak hayatta kalma olanağı sağlar.

İnsanlarda durum biraz farklıdır. Dünyaya geldiğimizde bizim beyinlerimiz de belirli oranda genetik ön-programlamadan geçmiş durumdadır. Soluk alırken, ağlarken, süt emerken, yüzleri tanırken ve anadilimizin ayrıntılarını öğrenme becerisini kazanırken bu özellikten yararlanırız. Ama insan, hayvanlar âleminin geri kalan üyeleriyle kıyaslandığında, beklenmedik ölçüde tamamlanmamış bir beyinle dünyaya gelir. İnsan beynindeki ayrıntılı devre şeması önceden programlanmamıştır; bunun yerine genler, nöral ağların düzenlenmesiyle ilgili son derece genel talimatlar verir; ağların ince ayarı ise deneyimlerle gerçekleştirilir. Bu şekilde beynin yerel koşul ve ayrıntılara uyum sağlaması mümkün olur.

İnsan beyninin, kendini doğduğu dünyaya uygun biçimde düzenleyebilmesi, türümüzün gezegen üzerindeki bütün ekosistemlerde hakimiyet kurmasını sağlamış ve güneş sisteminin içlerine doğru attığı ilk adımlara da zemin hazırlamıştır.

durumdadır. Bu noktada, yeni bağlantıların oluşum süreci, yerini nöral "budama" olarak bilinen bir başka stratejiye bırakacak, yaş ilerledikçe sinapsların yüzde 50 kadarı yavaş yavaş budanıp ortadan kalkacaktır.

Peki, hangi sinapslar kalır, hangileri gider? Bir beyin devresinde yerini alıp başarı gösteren bir sinaps güçlenirken, yararlı olmayan sinapslar da zayıflayarak sonunda devre dışı bırakılır. Tıpkı bir ormandaki patikalarda olduğu gibi, kullanmadığınız bağlantıları kaybedersiniz.

Bu açıdan bakıldığında, kim olduğunuzu belirleyen süreç, önceden var olan olasılıkların tek tek elenmesiyle tanımlanır. Sizi siz yapan, beyninizde gelişen değil, beyninizde yok edilen şeylerdir aslında.

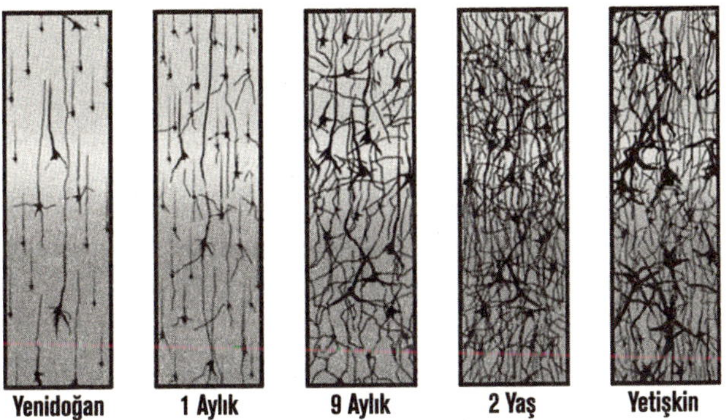

Yenidoğan beyninde, nöronlar (sinir hücreleri) görece az sayıda bağlantı kurmuşlardır. İlk 2-3 yıl içinde dallanmalar, buna bağlı olarak da hücreler arasındaki bağlantılar giderek artar. Bundan sonra yavaş yavaş "budanan" bağlantılar, yetişkin beyninde sayıca azalır ve güçlenirler.

Çocukluğumuz boyunca, içinde bulunduğumuz ortam beynimizi inceden inceye işler ve olasılıklar bütününü maruz kaldığımız deneyime göre yeniden biçimlendirir. Beynimiz böylece sayıca daha az, ancak daha güçlü bağlantılar oluşturur.

Örnek vermek gerekirse, bebekken çevrenizde konuşulan dil (diyelim ki İngilizce ya da Japonca), o dile özgü sesleri işitme becerinizi geliştirirken, diğer dillere özgü sesleri işitme becerinizi de olumsuz yönde etkiler. Sonuçta, Japonya'da doğan bir bebek ile ABD'de doğan bir bebeğin her ikisi de iki dildeki bütün seslere tepki verecek, ancak Japonya'da büyüyen bebek bir süre sonra, sözgelimi R ve L harflerinin betimlediği sesleri ayırt etme becerisini kaybedecektir; çünkü bu iki ses Japonca'da birbirinden ayrılmaz. Özetle, kendimizi içinde bulduğumuz dünya tarafından biçimlendiriliriz.

İŞLER ŞANSA KALINCA...

Beyin, uzun sayılabilecek çocukluk dönemi boyunca, kurmuş olduğu bağlantıları sürekli olarak budayarak kendisini çevre koşullarına göre biçimlendirir. Bu yöntem, beynin çevresiyle uyumu açısından akıllıca bir strateji olsa da, risklidir.

Gelişmekte olan bir beyin, "beklenen", yani çocuğun gelişim ve bakımı için uygun koşullara sahip bir ortam bulamadığında, normal bir gelişim sürdürmekte zorlanır. ABD'nin Wisconsin eyaletinde yaşayan Jensen'lar, bu durumun sonuçlarını ilk elden yaşayan ailelerden biriydi. Carol ve Bill Jensen, üçü de dört yaşında olan Tom, John ve Victoria adlı çocukları evlat edinmişlerdi. Önceden kimsesiz olan bu çocuklar, evlat edilene kadar Romanya'daki devlet yetimhanelerinde korkunç koşullara maruz yaşamışlar, bu durum beyin gelişimlerini de etkilemişti.

Jensen'lar Romanya'dan çıkartmak üzere çocukları alıp bir taksiye bindiklerinde, Carol taksi şoföründen çocukların söylediklerini kendisine çevirmesini istedi. Şoförün yanıtı, çocukların konuşmalarının anlamsız olduğu yönündeydi. Bu, bilinen bir dil değildi; normal etkileşime aç olan çocuklar, tuhaf bir kreol dili geliştirmişlerdi. Büyürken öğrenme bozukluklarıyla da başa çıkmak zorunda kaldılar. Tüm bunlar, çocuklukta yaşadıkları yoksunluğun birer sonucuydu.

Tom, John ve Victoria, Romanya'daki günleriyle ilgili fazla bir şey hatırlamıyorlar. Ama bu yetimhaneleri bütün canlılığıyla hatırlayan biri var: Boston Çocuk Hastanesi'nin Çocuk Hastalıkları bölümünde öğretim üyesi olan Dr. Charles Nelson. Kurumları ilk kez 1999'da ziyaret eden Dr. Nelson, gördükleri karşısında dehşete kapılmıştı. Küçük çocuklar, herhangi bir duyusal uyarana maruz kalmaksızın parmaklıklı bebek yataklarında tutuluyordu. Her on beş çocuğa tek bir bakıcı düşüyordu; bu bakıcılar da, çocukları ağladıklarında bile kucaklarına almamak, yakınlık ve şefkat göstermemek konusunda kesin talimat almışlardı. Yakınlık göstermek, çocukları daha da fazlasını istemeye yönlendirecekti. Böylesi bir ihtiyacın karşılanmasıysa, sınırlı sayıdaki görevliyle mümkün değildi. Bu koşullar altında, işler sıkı bir disiplinle

ROMANYA'NIN YETİMHANELERİ

Romanya Devlet Başkanı Nikolay Çavuşesku, nüfusu ve beraberinde işgücünü artırmak amacıyla 1966'da doğum kontrolünü ve kürtajı yasakladı. Devletin "âdet polisleri" olarak bilinen jinekologları, doğurganlık yaşına ulaşmış kadınları muayene ederek, yeterli sayıda çocuk doğurmalarını güvence altına almaktaydı. Çocuk sayısı beşten az olan aileler ise, özel bir vergi ödemekle yükümlüydüler. Doğum oranları böylece birden fırladı.

Ancak çocuklarının bakım masraflarını karşılayamayacak kadar yoksul olan birçok aile, onları devletçe yönetilen yetimhanelere bırakmak zorunda kalıyordu. Buna karşılık devlet de hızla artan ihtiyacı karşılayabilmek için giderek daha fazla yetimhane açar oldu. Çavuşesku yönetiminin devrildiği 1989'da, yetimhanelere terk edilmiş çocukların sayısı 170.000'i bulmuştu.

Yetimhanede büyümenin beyin gelişimine etkisi, bilim insanları tarafından kısa bir süre sonra ortaya çıkarıldı ve hükümet politikaları bu çalışmalar ışığında yeniden biçimlendirildi. Romanyalı kimsesiz çocukların çoğunluğu, yıllar içinde ya yeniden ailelerine teslim edildi ya da hükümetçe denetlenen programlarla evlatlık olarak verildi. 2005'e gelindiğinde, ciddi düzeyde engelli olanları dışında, çocukların iki yaşından önce bu tür kurumlara verilmesi yasaya aykırı hale gelmişti.

Halen dünyanın dört bir köşesinde hükümete bağlı yetimhanelerde yaşayan milyonlarca kimsesiz vardır. Olumlu bir yetişme ortamının, bebeğin gelişmekte olan beyni için gerekli olduğu gerçeğinden yola çıkarsak, hükümetler, çocuklara düzgün beyin gelişimini mümkün kılacak ortamları sağlamanın yollarını bulmak zorundadırlar.

yürütülmekteydi. Çocuklar, tuvalet ihtiyaçlarını yan yana dizilmiş lazımlıklarda hep birlikte gideriyor, saçları cinsiyet gözetilmeksizin aynı biçimde kesiliyor, hepsine tek tip giysiler giydiriliyordu. Beslenmeleri de yine sıkı bir programa bağlıydı. Sonuçta her şey mekanik hale getirilmişti.

Ağlamaları karşılıksız kalan çocuklar, kısa süre sonra ağlamamayı öğreniyorlardı. Kimse onları kucağına almıyor, kimse onlarla oynamıyordu. Temel ihtiyaçları (beslenme, temizlenme, giydirilme gibi) giderildiği halde, çocuklar duygusal yakınlık, destek ve herhangi bir uyarandan yoksun olarak yaşıyorlardı. Bunun sonucunda çocuklarda "ayrımsız yakınlık" olarak bilinen durum gelişmişti. Nelson, bir odaya girdiği anda, çevresini daha önce hiç görmediği çocukların sardığını, kiminin kollarına atılırken kiminin de kucağına oturduğunu ya da elinden tutup onu bir yerlere götürdüğünü anlatıyor. Bu tür ayrımsız davranışlar ilk bakışta insana sevimli gelse de, aslında ihmal edilmiş çocuklarda görülen başa çıkma stratejilerinden birine işaret eder ve uzun-dönemli bağlanma sorunlarını da beraberlerinde getirirler. Bu davranış biçimi, böyle bir kurumda büyümüş çocukların ayırt edici özelliklerinden biridir.

Tanık oldukları şeyler karşısında epeyce sarsılan Nelson ve ekibi Bükreş Erken Müdahale Programı'nı başlattılar ve bu program kapsamında altı ay ila üç yaş arası 136 çocuğu değerlendirdiler. Çocuklar, doğduklarından beri bu yetimhanelerde yaşamaktaydı. İlk ortaya çıkan gerçeklerden biri, çocuklardaki IQ puanlarının, genel ortalama olan 100'ün epeyce altında; 60 ila 70'ler civarında olduğuydu. Beyinlerinin yeterince gelişmemiş olduğunu gösteren davranışlar sergilemenin yanında, lisanla ilgili işlevler de geri kalmıştı. Çocukların beyinlerindeki elektriksel etkinliği ölçmek için EEG (elektroensefalografi) yöntemini uygulayan Nelson, nöral etkinliğin de ciddi biçimde düşük olduğunu gördü.

İnsan beyni, duygusal ilgi ve bilişsel uyaranlardan yoksun bir ortamda normal biçimde gelişemez.

Ancak Nelson'un çalışması, önemli bir gerçeği daha ortaya koyarak bir ümit ışığı da yakmıştı: Çocuklar bu koşullardan uzaklaştırılıp güvenli ve sevgi dolu bir çevreye alındıklarında, beyin de, değişen ölçülerde olmak üzere iyileşip durumunu düzeltebilirdi. Bir çocuk ortamdan ne kadar erken uzaklaştırılırsa iyileşmesi de o ölçüde etkili olacaktı. Koruyucu ailelere iki yaşından önce verilen çocuklar genellikle iyi bir seyir gösteriyordu. İki yaşından sonra da gelişmeler görülmekle birlikte, çocuğun yaşına bağlı olarak farklı düzeylerde gelişim sorunları varlığını sürdürebiliyordu.

Nelson'un aldığı sonuçlar sevgi dolu ve korumacı bir ortamın, gelişmekte olan bir çocuğun beyni için oynadığı önemli rolü vurgular. Bu durum ise, kimliğimizin biçimlenmesinde bulunduğumuz ortamın derin etkisini gözler önüne serer. Çevremizden inanılmaz ölçüde etkilenebilen canlılarız. İnsan beyninin benimsediği doğaçlama stratejisine bağlı olarak, kim olduğumuz, büyük ölçüde nerelerden geçtiğimize bağlıdır.

ERGENLİK YILLARI

Çok değil yalnızca birkaç onyıl önce, beyin gelişiminin çocukluk döneminin sonunda büyük ölçüde tamamlanmış olduğu düşünülmekteydi. Şimdi biliyoruz ki, insan beynindeki yapım süreci yaklaşık yirmi beş yaşın sonuna kadar sürer. Onlu yaşlarda, beyin ağlarının geçtiği yeniden düzenlenme ve değişim süreci, görünen kimliğimizi ciddi biçimde etkilemesi bakımından son derece önemlidir. Vücudumuzun içinde dolanıp duran hormonlar bariz fiziksel değişimlere neden olurken yavaş yavaş yetişkin görünümüne bürünürüz. Ama bu arada beyin de, gözlerden uzak köşesinde aynı derecede büyük değişimlerden geçmektedir. Bu değişimler nasıl davrandığımızı ve dış dünyaya nasıl tepki verdiğimizi derinden etkiler.

Değişimlerden biri, yavaş yavaş belirmeye başlayan benlik, ve ona paralel olarak da özbilinçle ilgilidir.

Ergenlerde beynin çalışmasıyla ilgili ipuçları yakalamak amacıyla basit bir deney yapmıştık. Yüksek lisans öğrencim Ricky Savjani'nin de yardım ettiği deneyde, gönüllülerden mağaza vitrinindeki bir tabureye oturmalarını istedik. Daha sonra vitrinin perdesini aralayarak, dış dünyayı vitrinden seyreden katılımcıyı gelip geçenlerin şaşkın bakışlarına maruz bıraktık.

Gönüllüleri toplum karşısında bu sıkıntılı duruma sokmadan önce, duygusal tepkilerini ölçebilmek için bazı hazırlıklar yapmış ve galvanik deri tepkilerini (galvanic skin response - GSR) ölçmek üzere her birine bir cihaz bağlamıştık. Galvanik deri tepkisi, kaygı

ERGENLİKTE BEYNİN YAPILANDIRILMASI

Çocukluğun sonuyla ergenliğin başlangıcı arasındaki bir noktada, aşırı üretimin görüldüğü ikinci bir dönem yaşanır. Bu dönemde prefrontal korteksten yeni hücre ve bağlantıların (sinapsların) filizlenmesiyle, yapıya katılacak yeni sinirsel yollar için zemin hazırlanmış olur. Bu bolluk dönemini, yaklaşık on yıl kadar sürecek olan budama süreci izler: Ergenlik yılları boyunca zayıf bağlantılar budanıp ortadan kalkarken güçlüleri de desteklenir. Budama sürecinin bir sonucu da, prefrontal korteks hacminin ergenlik dönemi boyunca yılda yaklaşık yüzde 1 oranında küçülmesidir. Bu yıllar içinde devrelerde ortaya çıkan yeni örüntüler, bizi yetişkinliğe giden yolda edindiğimiz deneyimler için hazırlar.

Bu büyük ölçekli değişimlerin yüksek düzeyde akıl yürütme ve dürtü kontrolünde rol oynayan beyin alanlarında gerçekleşmesi nedeniyle, ergenlik derin bilişsel değişimlerin de yaşandığı bir dönemdir. Dürtü kontrolünde önemli rol oynayan "dorsolateral prefrontal korteks" en geç gelişen alanlardan biri olup, yirmili yılların başına kadar yetişkinlerdeki düzeyine ulaşamaz. Tamamlanmamış beyinsel olgunlaşma sürecinin olası sonuçlarını, nörobilimciler işin ayrıntılarını ortaya dökmeden çok önce fark eden araba sigorta şirketleri, genç sürücülerden daha fazla para talep etmektedirler. Benzer biçimde, durumun uzun süredir farkında olan ceza hukuku sistemi de gençleri yetişkinlerden farklı kurallar altında değerlendirmektedir.

düzeyini anlamada yararlı bir göstergedir: Ter bezleriniz ne kadar salgı yaparsa, deri iletkenliğiniz o kadar fazla olacaktır. (Bu, yalan makinesi, ya da poligraf testinde de kullanılan tekniktir.)

Deney katılımcıları hem ergenlik çağındaki gençlerden hem de yetişkinlerden oluşmaktaydı. Yetişkinlerde, tam da bekleneceği gibi, yabancıların bakışları karşısında stres tepkileri gözledik. Ancak aynı deneyim gençlerde toplumsal duyguların aşırı düzeylere fırlamasına neden olmuştu: Kendilerini izleyen yabancılar karşısında çok daha büyük kaygı belirtileri göstermiş, hatta kimi titreme noktasına bile gelmişti.

Yetişkinlerle ergenler arasındaki bu farkın nedeni neydi? Sorunun yanıtı, beynin "medial prefrontal korteks" (mPFC) adı verilen bir bölgesinde yatar. Bu bölge, kendinizi (benliğinizi) –özellikle de belirli bir durumun benliğiniz açısından taşıdığı duygusal önemi– düşündüğünüzde etkinleşir. Harvard Üniversitesi'nden Dr. Leah Somerville ve meslektaşlarının keşfettiği üzere, kişi çocukluktan ergenliğe yol aldıkça, mPFC bölgesi sosyal durumlar karşısında etkinlik artışı göstererek on beş yaş civarında da zirve noktasına ulaşır. Bu noktada, sosyal durum ve yaşantılar büyük duygusal ağırlık taşıdığından, öz bilince dayalı stres tepkileri çok yoğun olur. Bir başka deyişle, kişinin "kendisi" hakkında düşünmesi, yani "öz değerlendirme" ergenlikte büyük öncelik taşır. Yetişkin beyni ise aksine, ayakların yeni bir ayakkabıya alışması misali, benlik duygusuna artık iyice aşina hale gelmiştir. Bu nedenle mağaza vitrininde oturuyor olmak, bir yetişkini aynı ölçüde etkilemez.

Toplumsal iğretilik ve duygusal yönden aşırı duyarlığın ötesinde, ergen beyni risk almaya da ayarlanmıştır. İster hızlı araba sürme, ister cinsel içerikli mesajlar gönderme olsun, riskli davranışlar ergen beyni için, yetişkin beynine göre çok daha cezbedicidir. Bu durum, büyük ölçüde ödül ve teşviklere nasıl yanıt verdiğimizle ilişkilidir. Çocukluktan ergenliğe yol aldıkça, zevk arayışıyla ilgili beyin bölgelerinin (ki, bunlardan biri de "akumbens çekirdeği"dir) ödüller karşısında verdikleri tepkilerde artış görülür. Ergenlerde bu çekirdekteki etkinlik düzeyi, yetişkinlerde olduğu kadar yüksektir. Ama asıl önemlisi, ergenlerde "orbitofrontal korteks" adı verilen bölgedeki etkinliğin de çocuklardakiyle hemen hemen aynı düzeyde olmasıdır. Olgun bir zevk arayışı sistemi ile olgunlaşmamış bir orbitofrontal korteksin eşleşmesi ise, ergenlerin duygusal bakımdan aşırı duyarlı olmakla kalmayıp, duygularını dizginlemek konusunda da yetişkinler kadar başarılı olamadıkları anlamına gelir.

Bunun da ötesinde, Somerville ve ekibi akran baskısının ergen davranışlarında neden zorlayıcı etki gösterdiği konusunda bir fikir ileri sürmüşlerdir: Toplumsal duruşla ilgili düşüncelerde devreye giren beyin alanları (mPFC gibi), güdüleri eyleme dönüştüren diğer beyin alanlarıyla ("striatum" bölgesi ve oluşturduğu bağlantı ağları) daha güçlü bir ilişki halindedirler. Bu durum, ekibe göre ergenlerin, arkadaşlarının yanında risk almaya daha eğilimli hale gelmelerinin nedeni olabilir.

Onlu yaşlarımızda dünyayı algılayış biçimimiz, programına tam tamına uyan değişim halindeki bir beynin ürünüdür. Bu değişimler bizi daha özbilinçli, risk almaya daha eğilimli ve akranlarımızca güdülenmeye daha yatkın hale getirir. Bu noktada, çileden çıkmış anne babalar için önemli bir mesaj var: Ergenlik çağında nasıl biri olduğumuz, basitçe bir seçim ya da tavrın değil, yoğun ve kaçınılmaz bir beyinsel değişim döneminin sonucudur.

YETİŞKİNLİKTE PLASTİSİTE

Yirmi beş yaşına geldiğimizde, çocukluk ve ergenlik dönemine özgü beyinsel dönüşümler nihayet tamamlanmıştır. Kimlik ve kişiliğimizdeki yapısal kayma ve değişimler son bulmuş, beyin de görünüşe bakılırsa tam gelişkin hale gelmiştir. Birer yetişkin olarak kişiliğimizin artık sabit ve değişmez olduğunu düşünüyor olabilirsiniz; ama durum hiç de böyle değildir: Beyin yetişkinlikte de değişmeyi sürdürür. Biçim verilebilen ve aldığı bu biçimi koruyabilen şeyleri "plastik" sıfatıyla niteleriz. Beyin de bunlardan biridir; hatta yetişkinlikte bile: Deneyim beyni değiştirir ve bu değişim korunur.

Bu fiziksel değişimlerin ne kadar etkili olabileceğini daha iyi anlamak için, Londra'da çalışan bir grup kadın ve erkeği; kentin taksi şoförlerini ele alalım. Adaylar, toplumun sunduğu belki de en zorlu bellek sınavlarından biri olan "Londra Bilgisi" sınavını vermek için dört yıllık yoğun bir eğitimden geçmek; gözlerini karartıp Londra'nın geniş çaplı yol ağının tamamını, bütün kombinasyon ve permütasyonlarıyla birlikte ezberlemek zorundadırlar. Bu, akıl almaz zorlukta bir iştir. Kent boyunca uzanan 320 farklı rota, 25.000 sokak ve 20.000 ilgi noktasının (oteller, tiyatrolar, restoranlar, büyükelçilikler, karakollar, spor tesisleri vb.), özetle bir yolcunun gitmek isteyebileceği her yerin "Londra Bilgisi" kapsamında ezberlenmesi beklenir. Öğrenciler, genellikle günün üç ila dört saatini, farazi yolculukları zihinlerinde canlandırıp tekrar etmekle geçirirler.

"Bilgi" sınavının beraberinde getirdiği benzersiz zihinsel zorluklar, University College London'dan bir grup nörobilimcinin ilgisini çekmiş ve araştırmacılar, birkaç taksi şoförüne beyin taraması uygulamışlardı. Asıl ilgi duydukları yapı, bellekte, özellikle de uzamsal bellekte önemli rol oynayan "hipokampus" adlı küçük beyin bölgesiydi.

Araştırmacılar, şoförlerin beyninde gözle görülen farklılıklar keşfettiler: Hipokampusun arka kısmı, kontrol grubundaki katılımcılarla kıyaslandığında daha büyüktü. Artmış uzamsal bellek işlevleri bu durumdan kaynaklanıyor olabilirdi. Bir başka bulgu ise, meslekte daha uzun süre çalışmış şoförlerde, bu bölgedeki değişimin de daha büyük oluşuydu. Öyleyse alınan sonuçlar, şoförlerde önceden var olan bir durumu değil, uygulamayla ortaya çıkan bir durumu yansıtıyor olabilirdi.

Taksi şoförleriyle yapılan bu çalışma, yetişkin beyninin sabit kalmadığını, aksine, değişimlerin eğitimli gözler için seçilebilir hale gelecek ölçüde yeniden yapılanabildiğini gösterir.

Beyinleri yeniden biçimlenebilen kişiler, yalnızca taksi şoförlerinden ibaret değildir. Yirminci yüzyılın en tanınmış beyinlerinden biri, Albert Einstein'ınkiydi. Einstein'ın beyni incelendiğinde, dehasıyla ilgili sır perdesi aralanamamış olsa da, sol elin parmaklarını denetleyen alanın genişlemiş olduğu fark edilmişti. Beynin bu bölgesi, kortekste Yunanca'daki "Ω" işaretine benzerliği nedeniyle "Omega işareti" adını alan dev bir kıvrım oluşturmuştu. Einstein, daha az bilinen tutkusu olan keman çalmaya borçluydu bu kıvrımı. Aynı kıvrım, sol ellerinin parmaklarını yoğun biçimde çalıştırarak onlara hassas hareket becerisi kazandıran deneyimli kemancılarda da genişlemiştir. Buna karşılık, iki ellerini de hassas ve ayrıntılı hareketler yapmak üzere çalıştıran piyanistlerde, Omega işareti iki yarımkürede de gelişir.

Beyindeki tepe ve vadilerin biçimleri, bütün insanlarda hemen hemen aynıdır; ancak bazı ince ayrıntılar da vardır ki, bunlar geçmişiniz ve şimdiki kimliğinizle ilgili kişisel ve benzersiz bir yansıma sunarlar. Farklılıkların çoğu çıplak gözle seçilemeyecek kadar küçük olsa da, yaşamış olduğunuz her şey, beyninizin fiziksel yapısını (genlerin "ifade" ediliş düzeninden, moleküllerin konumlarına ya da nöron mimarisine kadar) değişikliğe uğratmıştır. İçine doğduğunuz aile, içinde yaşadığınız kültür, arkadaşlarınız, işiniz, izlemiş olduğunuz her bir film, yapmış olduğunuz her bir sohbet sinir sisteminiz üzerinde iz bırakmıştır. Bu kalıcı, mikroskobik izler birikerek sizi siz yapan bütünü oluşturur ve nasıl birine dönüşebileceğinizle ilgılı sınırlamalar getirir.

PATOLOJİK DEĞİŞİMLER

Beynimizdeki değişiklikler neler yaşadığımızı ve nasıl biri olduğumuzu yansıtır. Peki ya beyin, bir hastalık ya da hasar sonucunda değişikliğe uğrarsa? Bu da kimliğimizi, kişiliğimizi ya da davranışlarımızı değiştirir mi?

1 Ağustos 1966'da Charles Whitman, Austin'deki Teksas Üniversitesi Kulesi'nin gözlem katına çıkmak üzere asansöre bindi ve ardından aşağıdaki insanlara gelişigüzel ateş etmeye başladı. On üç kişinin öldüğü, otuz üç kişinin de yaralandığı olayda Whitman'ın kendisi de polis tarafından vurularak öldürüldü. Evine giden yetkililer, Whitman'ın bir gece önce de karısıyla annesini öldürmüş olduğunu anladılar.

Bu gelişigüzel şiddet eyleminden daha şaşırtıcı olan bir şey varsa, o da Charles Whitman'ın, böyle bir eylemi gerçekleştirebileceğine dair herhangi bir ipucu vermemiş olmasıydı. Geçmişte izcilik yapmış, banka memuru olarak çalışmış ve mühendislik eğitimi almıştı.

Karısıyla annesini öldürdükten kısa süre sonra daktilosunun başına oturmuş ve intihar notu olduğu anlaşılan şu satırları yazmıştı:

Kendimi şu günlerde tam olarak anlayamıyorum. Aklı başında ve zeki bir genç olarak tanınmaktayım. Ama son zamanlarda (ne zaman başladığını hatırlayamıyorum) birçok sıra dışı ve mantıksız düşüncenin kurbanı olmuş durumdayım . . . Ölümümden sonra, görünür herhangi bir fiziksel bozukluk olup olmadığını belirlemek amacıyla bana bir otopsi yapılmasını diliyorum.

Whitman'ın isteği yerine getirildi ve otopsiyi yapan patolog, Whitman'da küçük bir beyin tümörü olduğunu açıkladı. Küçük bir madeni para büyüklüğündeki tümör, korku ve saldırganlıkla ilgili bir yapı olan "amigdala"ya baskı yapmaktaydı. Amigdala'nın maruz kaldığı bu küçük basınç bile, Whitman'ın beyninde bir dizi tepkiye yol açmaya ve sonuç olarak, Whitman'ın normal koşullarda sıra dışı sayılacak birçok davranışı sergilemesine yetmişti. Değişime uğrayan beyin maddesi, Whitman'ın kişiliğini de değiştirmişti.

Bu, uç noktadaki bir örnek olsa da, bu ölçüde dramatik olmayan beyinsel değişimlerin bile sizi siz yapan düzenlemelerle oynayabildiği, bir gerçektir. Madde ya da alkol alımı buna örnektir. Sonra, bazı sara tipleri insanları daha dindar hale getirebilir. Parkinson hastalarının inançlarını kaybetmesi sık görülen bir durumken, Parkinson tedavisi için verilen ilaçların da hastaları kumar bağımlısına dönüştürebildiği bilinir. Üstelik, yalnızca hastalık ya da kimyasallar değildir bizi değiştiren: İzlediğimiz filmlerden çalıştığımız işlere kadar her şey, "kendimiz" olarak özetlediğimiz nöral ağların sürekli olarak yeniden biçimlendirilmesine katkıda bulunur. Öyleyse siz, tam olarak kimsiniz? Bu yapının derinlerinde, merkezde duran birileri var mı?

BELLEĞİMDEKİLERİN BİR TOPLAMI MIYIM?

Beynimiz ve vücudumuz yaşamımız boyunca öylesine değişir ki, bu değişimi algılamak bir saatin akrebindeki hareketi algılamak kadar zordur. Kırmızı kan hücreleriniz her dört ayda bir tümüyle yenileriyle yer değiştirirken, deri hücreleriniz de birkaç haftada bir yenilenir. Yaklaşık yedi yıl içinde, vücudunuzdaki her bir atomun yerini başka atomlar almış olur. Fiziksel açıdan siz, aslında sürekli olarak yeni bir siz'e dönüşürsünüz. Neyse ki, bütün bu farklı versiyonlarınızı birbirine bağlayan sabit bir olgu var gibidir: bellek. Sizi siz yapan bu bağ; kimliğinizin merkezine oturmuş, bütünlük ve sürekliliğe sahip bir benlik duygusunu sağlayan bu kaynak pekâlâ bellek olabilir.

Ancak bu noktada bir sorunla karşı karşıya olabiliriz: Bu süreklilik duygusu sakın bir yanılsama olmasın? Farz edin ki bir parkın içine yürüyor ve burada yaşamınızın farklı aşamalarındaki siz'lerle; altı yaşınızdaki, onlu yaşlarınızdaki, yirmili yaşlarınızdaki, ellilerinin ortalarındaki, yetmişlerinin başlarındaki ve bulunduğunuz son yaşlardaki kendinizle karşılaşıyorsunuz. Böyle bir senaryoda, hep birlikte oturup yaşamınızla ilgili aynı hikâyeleri paylaşabilir, kimliklerinizi bir arada tutan o tek iplik parçasını görünür kılabilirsiniz.

Acaba? Hepinizin isimleri ve geçmişleri aynı; ama asıl mesele, farklı değerleri ve hedefleri olan ve bu açıdan birbirinden az çok ayrılan kişiler olmanız. Anılarınızdaki ortak noktalar da beklenen düzeyde olmayabilir. On beş yaşında nasıl biri olduğunuzla ilgili hatırladıklarınız, on beş yaşında nasıl biri olduğunuzla ilgili gerçeklerden farklılık gösterecek, dahası, geçmişteki belirli olaylara ilişkin anılarınız da birbirinden ayrılacaktır. Ama neden? Neden, bir anının ne olduğu –ve olmadığı– ile ilgilidir.

Bir anı, yaşamınızdaki bir kesitin hassas bir video kaydı değil, geçmiş zamana ait kırılgan bir beyinsel durumdur; hatırlamak için onu yeniden diriltmeniz gerekir.

Bir örnek verelim: Arkadaşınızın doğum günü kutlaması için bir restorana gidiyorsunuz. Deneyimlediğiniz her şey, beyninizde farklı bir etkinlik örüntüsü oluşturuyor. Sözgelimi, arkadaşlarınız arasında geçen bir konuşma, belirli bir etkinlik örüntüsünü; kahve kokusu bir diğerini; enfes Fransız pastasının tadı da bir diğerini canlandırıyor. Garsonun parmağını bardağınıza daldırması ise hatırlanası bir başka ayrıntı ve bu da farklı nöronların farklı bir düzenlenme içinde ateşlenmesiyle temsil ediliyor. İşte bütün bu gruplar, kurulan ilişkilendirmeler temelindeki engin bir nöron ağı içinde birbirine bağlanır; hipokampusun bu ağı defalarca işlemesiyle de gruplar arasındaki ilişkiler sabitlenir. Aynı anda etkin olan nöronlar, birbirleriyle daha güçlü bağlantılar kuracaktır: birlikte çalışmak, bağlanmak demektir. Sonuçta ortaya çıkan ağ, olaya ilişkin benzersiz bir imza niteliğindedir ve o doğum günü yemeğine ilişkin anınızı temsil eder.

Şimdi de düşünün ki, altı ay sonra tıpkı o doğum günü partisinde yediğinize benzer küçük Fransız pastalarından bir kez daha tattınız. Bu çok özel anahtar, o koca ilişkiler ağının kilidini açmaya yetecektir. Geçmişte kurulan o ilk ağ, tıpkı bir anda bütün ışıkları yanan bir kent gibi etkinleşir. Ve bir de bakarsınız ki, o anıya yeniden dönmüşsünüzdür.

Her zaman farkına varmasanız da, anılarınız beklediğiniz ölçüde zengin değildir. Arkadaşlarınızın orada olduğunu biliyorsunuz. Falanca kişi, takım elbise giymiş olmalı; çünkü her zaman takım elbise giyer. Bir diğeri de mavi bir gömlek giymişti. Belki de mordu. Yoksa yeşil miydi? Anıyı iyice kurcalarsanız fark edersiniz ki, bütün masalar dolu olduğu halde, restorandaki diğer kişilerin hiçbiriyle ilgili ayrıntıları hatırlamıyorsunuz.

Demek ki doğum günü yemeğiyle ilgili anılarınız solmaya başlamış. Ama neden? Bir kere, sınırlı sayıda nörona sahipsinizdir ve hepsinin de birden fazla görevi yerine getirmesi beklenir. Bu nöronlar, sürekli değişim halindeki ilişkilerden oluşan dinamik bir matris içinde çalışırlar; bu nedenle diğer nöronlara bağlanmak konusunda üzerlerinde ağır bir baskı vardır. Doğum günü yemeğiyle ilgili anılarınızın bulanık hale gelmesinin nedeni de, "doğum günü" nöronlarının diğer bellek ağlarına katılmaya zorlanmasıdır. Anıların düşmanı zaman değil, diğer anılardır. Her yeni olay, sınırlı sayıda nöronla yeni ilişkiler kurmak zorundadır. İşin ilginç yanı ise, solmuş bir anının size hiç de solmuş gibi gelmemesidir. Bütün resmin karşınızda capcanlı durduğunu hisseder, en azından varsayarsınız.

Olaylarla ilgili hatırladıklarınız, daha da şaibelidir. Diyelim ki, o geceyi izleyen yıl içinde iki arkadaşınız birbirinden ayrıldı. Geceyi yeniden düşündüğünüzde, tehlike işaretlerini aslında sezmiş olduğunuz yolunda yanılgıya kapılabilirsiniz: O gece, sanki daha durgunlardı zaten. İkisi arasında tuhaf sessizlik anları gelip gidiyor gibiydi. Bunların gerçekliğinden emin olmanız artık zor; çünkü nöral ağın içindeki bilgiler, şimdi de o zamana karşılık gelen anıyı değiştiriyorlar. Şimdiki zamanın, geçmiş zamanın renklerini değiştirmesini engelleyecek bir şey gelmez artık elinizden. Özetle, tek bir olayı, yaşamınızın farklı dönemlerinde farklı biçimlerde hatırlarsınız.

BELLEK YANILIR

Anıların biçim değiştirebildiğine ilişkin ilk ipuçları, California Üniversitesi'nin Irvine yerleşkesinde görev yapmakta olan Profesör Elizabeth Loftus'tan gelir. Loftus, anıların ne kadar kırılgan olabileceklerini göstererek bellek araştırmaları alanını dönüşüme uğratmıştır.

Loftus, tasarladığı deneyde gönüllülere araba kazası filmleri izletmiş ve neler hatırladıklarını sınamak için onlara bir dizi soru sormuştu. Soruları nasıl sorduğu, aldığı yanıtları da etkilemişti. Şöyle açıklıyor Loftus: "Arabaların birbirlerine vurduklarında hangi hızla gitmekte olduklarını sorduğumda yapılan tahminler, arabaların çarpıştıklarında hangi hızla gitmekte olduklarını sorduğumda yapılan tahminlerden farklıydı. 'Çarpışma' sözcüğünü kullandığımda, arabaların daha hızlı gittiklerini sanıyorlardı." Gizli imalar taşıyan soruların belleği bulandırabileceği sonucunu ilginç bulan Loftus, işi daha da ileri götürmeye karar verdi.

Katılımcılara, tümüyle sahte bir anı kazandırmak da mümkün olabilir miydi yoksa? Bu sorunun yanıtını bulabilmek için yeni bir gönüllü grubu oluşturdu ve ailelerle görüşüp katılımcıların geçmişlerindeki olaylarla ilgili bilgi almak üzere ekibini görevlendirdi. Bu bilgilerle donanmış olan araştırmacılar her gönüllünün çocukluğunu konu alan dört hikâye geliştirdiler. Bunlardan yalnızca üçü doğruydu; dördüncüsü ise, inandırıcı içeriğe sahip olmakla birlikte, tümüyle uydurulmuştu. Dördüncü hikâyede katılımcı, çocukluğunda bir alışveriş merkezinde kayboluyor, iyi yürekli ve yaşlıca bir kişi tarafından bulunuyor ve sonunda ailesine kavuşuyordu.

Katılımcılara dört hikâyenin de anlatıldığı bir dizi görüşmede en az dörtte biri, alışveriş merkezinde kaybolduğunu hatırladığı iddiasında bulunmuştu – böyle bir olay gerçekleşmemiş olduğu halde. Her şey bununla da kalmıyordu. "Yavaş yavaş bir şeyler hatırlamaya başlıyor, bir hafta sonra tekrar geldiklerinde daha fazlasını da hatırladıklarını söylüyorlardı. Onları kurtaran yaşlı kadın hakkında konuşabiliyorlardı örneğin," diye açıklıyor Loftus. Zaman geçtikçe sahte anı giderek daha fazla ayrıntıyla donatılır olmuştu: "Yaşlı kadın, komik bir şapka giymişti"; "Yanımda en sevdiğim oyuncağım vardı"; "Annem çok kızmıştı".

Öyleyse beyne sahte anılar yerleştirmek mümkün olduğu gibi, insanların bunları kucaklayıp süslemeleri; kimliklerinin dokusuna fantezi unsurları katmaları da mümkündü.

Hepimiz bellekle ilgili bu tür manipülasyonlardan etkilenmeye yatkınızdır; hatta Loftus'un kendisi bile.

GELECEĞİN ANISI

Henry Molaison, ilk "majör" sara nöbetini on beşinci doğum gününde geçirmiş, nöbetler bundan sonra sıklaşmaya başlamıştı. Şiddetli kasılmalarla dolu bir geleceğin kendisini bekliyor olması, Henry'nin deneysel bir ameliyatı kabul etmesine neden oldu. Hipokampus da dahil olmak üzere şakak (temporal) lobunun orta kısmı beyninin her iki yarımküresinden de alınan Henry, böylece nöbetlerden kurtulmuş, ancak ciddi bir yan etkiyle kalakalmıştı: Yaşamının geri kalanı boyunca yeni anılar oluşturamayacaktı.

Ancak hikâye burada sonlanmıyor. Çünkü yeni anılar oluşturamamak bir yana, geleceği de düşleyemiyordu Molaison.

Yarın deniz kenarına gideceğinizi düşünün. Nasıl bir şey kurguluyorsunuz? Sörfçüler ve kumdan kaleler mi? Kırılan dalgalar mı? Bulutların arasından süzülen güneş ışınları mı? Aynı soru Henry'e sorulduğunda vereceği yanıt, "aklıma gelen tek şey, mavi renk" gibi bir şey olurdu. Ancak onun başına gelenler, belleğin altında yatan beyin mekanizmalarıyla ilgili bir gerçeği açığa çıkarır: Amaçları geçmişte olanları kaydetmekle sınırlı kalmayan bu mekanizmalar, geleceğe ilişkin kurgulamalar yapmamızı da sağlarlar. Bir sonraki gün deniz kenarında yaşanacak şeylerin düşünü kurarken en önemli rolü hipokampus üstlenir ve geleceğin kurgusunu, geçmişe ilişkin bilgileri yeniden bir araya getirerek oluşturur.

Öyle anlaşılıyor ki Elizabeth çocukken, annesi bir yüzme havuzunda boğulmuştu. Yıllar sonra bir akrabayla yapılan sohbet sırasında, sıra dışı bir gerçek daha ortaya çıkmıştı: Annesinin cesedini havuzda bulan kişi, kendisiydi. Bu bilgi, onda bir şok etkisi yaratmıştı. Böyle bir şeyden haberi yoktu; hatta buna inanmıyordu bile. Devamını şöyle anlatıyor: "O doğum günü kutlamasından eve döndüğümde oturup düşündüm: Onu ben bulmuş olabilir miydim? Derken, gerçekten de hatırladığım şeyleri ele almaya başladım. İtfaiyecilerin geldiğini ve bana oksijen verdiklerini örneğin. Oksijeni vermelerinin nedeni, belki de cesedi bulduktan sonra fazlaca etkilenmiş olmamdı." Ve kısa süre sonra annesinin yüzme havuzundaki hali gözünün önüne gelmişti bile.

Sonra akrabası arayıp, bir hata yaptığını söylemişti kendisine. Aslında cesedi bulan, Elizabeth değil, teyzesiydi. Loftus, kendi sahte anısını, zengin ayrıntıları ve yoğun duygular eşliğinde deneyimleme şansını böyle elde etmişti.

Geçmişimiz, gerçeklere sadık bir kayıt değil, bir yeniden yapılandırma ürünüdür ve kimi zaman mitolojinin sınırlarında dolandığı da olur. Yaşantımıza ait anılarımıza başvurduğumuzda, bütün ayrıntıların tam tamına doğru olmayabileceği konusunda temkini de elden bırakmamamız gerekir. Bunlardan kimi, insanların bize kendimizle ilgili anlattıklarından kaynaklanırken, kiminde de boşlukları akla uygun biçimde kendimiz doldurmuşuzdur. Bu nedenle kim olduğunuz sorusuna verdiğiniz yanıt sadece anılarınıza dayalıysa, bu, kimliğinizi de tuhaf, süreğen ve değişken bir hikâyeden farksız kılar.

BEYİN YAŞLANINCA

Günümüzde insan ömrü, insanlık tarihinin herhangi bir noktasında olduğundan daha uzundur. Bu da beyin sağlığını korumak açısından bazı güçlükler çıkarır. Örneğin, Alzheimer ve Parkinson gibi hastalıklar beyin dokumuza saldırabilir. Ve onunla birlikte bizi biz yapan öze de.

Ama iyi haber de şu ki, gençlikte beyninizi biçimlendiren çevre ve davranışlar, daha sonraki yıllarda da aynı derecede önemlidir.

ABD'nin dört bir köşesinden 1.100 rahibe, rahip ve din adamının katıldığı benzersiz bir araştırma projesi olan Din Görevlileri Çalışması'nın amacı, yaşlanmanın beyin üzerindeki etkilerini incelemek ve özellikle de Alzheimer hastalığıyla ilgili risk faktörlerini ortaya çıkarmak. Katılımcılar ise, hastalığın belirtilerini taşımayan ve başka hastalıklara ilişkin ölçülebilir ipuçları vermeyen altmış beş yaş üstü gönüllüler.

Her yıl düzenli olarak uygulanan testler için katılımcıların rahatlıkla bulunabileceği, kararlı bir yapıya sahip olmasının yanında grubun bir özelliği de, üyelerin, beslenme ve yaşam standardı da dahil, benzer bir yaşam biçimine sahip olması. Bu durum, popülasyonun büyük çoğunluğu için geçerli olabilecek farklılıkların, yani "etki karışımı faktörleri"nin de daha az olmasını sağlar. Bu farklılıklara dahil edilebilecek beslenme biçimi, sosyo-ekonomik düzey ya da eğitim düzeyi gibi unsurlar, çalışma sonuçlarını etkileyebilir.

Verilerin toplanmasına 1994'te başlandığı çalışmada, Chicago'daki Rush Üniversitesi'nden Dr. David Bennett ve ekibinin bugüne kadar toplayabildikleri beyinlerin sayısı 350'yi bulmuş durumda. Beyinlerden her biri özenle saklanıyor ve yaşa bağlı beyin hastalıklarıyla ilgili kanıtların saptanabilmesi amacıyla mikroskobik incelemeden geçiriliyor. Bu, çalışmanın yalnızca yarısı; diğer yarısı da, henüz hayatta olan katılımcılarla ilgili ayrıntılı verilerin toplanmasını içermekte. Katılımcıların her biri, her yıl psikolojik ve bilişsel değerlendirmelerden tıbbi, fiziksel ve genetik testlere kadar uzanan bir dizi testten geçiyor.

Ekip, araştırmanın başlangıcında, bunamanın en sık görülen nedenlerinden Alzheimer, inme ve Parkinson hastalıkları ile bilişsel gerileme arasında bariz bir bağlantı bulmayı beklemişti. Ama buldukları şey başkaydı: Alzheimer hastalığının yarattığı tahribatla yamrı yumru hale gelmiş bir beyin dokusu, kişinin mutlaka bilişsel sorunlar yaşayacağı anlamına gelmemekteydi. Tam gelişkin Alzheimer bulgularıyla ölen bazı hastalarda bilişsel kayıplar yaşanmamıştı bile. Neler oluyordu öyleyse?

Araştırmacılar ipuçları bulmak üzere, toplamış oldukları hatırı sayılır ölçekteki veri gruplarına yeniden başvurdular. Bennett, bilişsel kayıplar yaşanıp yaşanmayacağının, psikolojik ve deneyimsel faktörlerce belirlendiğini keşfetti. Özellikle de beynin etkin kalmasını sağlayan kare bulmaca, okuma, araba kullanma, yeni beceriler öğrenme ve sorumluluk alma gibi bilişsel egzersizlerin hastalıktan koruyucu etkileri de vardı. Aynı şey sosyal etkinlikler, sosyal ağlar ve etkileşimler, fiziksel egzersizler için de geçerliydi.

Buna karşılık yalnızlık, kaygı, depresyon, acı ve üzüntüye yatkınlık gibi olumsuz psikolojik faktörler de bilişsel gerilemenin daha hızlı seyretmesine neden oluyordu. Vicdanlılık, yaşam amacının olması ve kendine meşgale yaratmak gibi olumlu özellikler ise koruyucuydu.

Hastalıklı beyin dokusuna sahip oldukları halde bilişsel belirti göstermeyen katılımcılarda, "bilişsel rezerv" olarak bilinen durum gelişmişti. Beyin dokusunun bazı alanları hasara uğrarken etkin biçimde kullanılan başka alanlar, işlevsiz kalan bölgelerin rolünü de üstlenerek hasarı kapatabilmişti. Beynimizi bilişsel yönden ne kadar zinde tutarsak (ki, bunun yolu da, genellikle beyni toplumsal etkileşimin de dahil olduğu zor ve yeni işlere koşmaktır), bir noktadan diğerine ulaşmayı sağlayacak yeni yolların inşasına katılan nöral ağlar da o kadar çok olur.

Beyni bir alet kutusu olarak düşünün. Eğer bu iyi hazırlanmış bir kutuysa, bir işi halletmek için gereken bütün aletleri içerecektir. Bir cıvatayı yerinden çıkaracaksanız, kutudan bir lokma anahtarı alırsınız; bulamazsanız da bir ingiliz anahtarı; o da yoksa, belki bir pense işinizi görür. Bilişsel olarak zinde bir beyin için de aynı şey geçerlidir: Hastalık nedeniyle birçok sinirsel yol hasara uğrasa bile, beyin başka çözümlere başvurabilir.

Rahibelerin beyinleri, bize beynimizi korumanın mümkün olduğunu ve olabildiğince uzun bir süre boyunca kimliğimize tutunmaya yardımcı olacak yolların bulunduğunu gösterir. Yaşlanma sürecini durduramasak da, bilişsel alet kutumuzdaki bütün becerilerimizi uygulamaya koyarak süreci yavaşlatabiliriz.

DUYUSAL BİLİNÇ

Kim olduğum üzerine düşünmeye koyulduğumda, gözardı edilemeyecek bir yönümün bulunduğunu fark ederim: Ben, duyularımın bilincinde olan bir canlıyım. Varlığımı deneyimleyebilirim. Burada olduğumu, dünyaya bu gözlerle baktığımı, içinde bulunduğum renkli filmi sahnenin ortasından izleyip algıladığımı hissederim. Bu duyguya şimdilik bilinç ya da farkındalık diyelim.

Bilincin ayrıntılı tanımı, bilimcilerin birbirleriyle sıklıkla tartıştığı bir konudur; ama basit bir karşılaştırma yaparak en azından şu anda neden bahsettiğimizi belirlemek o kadar da zor bir iş sayılmaz: Uyanıkken bilinçlisinizdir, uyurken değilsinizdir. Bu karşılaştırma bize, basit bir sorunun yolunu açar: Bu iki durum arasında beyinsel etkinlikler bakımından nasıl bir fark vardır?

Bunu ölçmenin bir yolu, EEG kısaltmasıyla bilinen ve kafatasının dış kısmından zayıf elektrik sinyallerini algılayarak, ateşlenmekte olan milyarlarca nöronun etkinliklerinin bir özetini sunan elektroensefalografi yöntemidir. Pek de incelikli sayılamayacak bu yöntem

ZİHİN-BEDEN PROBLEMİ

Bilinçli farkındalık, modern nörobilimin en kafa karıştırıcı bulmacalarından biridir. Zihinsel deneyimlerimizle fiziksel beyinlerimiz arasındaki ilişki ne olabilir?

Filozof René Descartes, maddesel olmayan bir ruhun beyinden ayrı olarak varlık sürdürdüğünü varsaymıştı. Bu varsayım doğrultusunda duyusal bilginin, ruha bir geçit oluşturan epifiz bezine aktığını iddia ediyordu. (Epifiz bezini seçmesinin nedeni büyük olasılıkla bezin, beynin orta hattında yer almasıydı. Diğer beyin yapılarının çoğu çift haldeydi ve her iki yarımkürede de yer almaktaydı.)

Maddesel olmayan ruh fikrini hayal etmek kolay olsa da, bu kavramı nörobilimsel kanıtlarla uzlaştırmak güçtür. Descartes'ın bir nöroloji koğuşunda dolaşmadığı ortada; çünkü dolaşmış olsaydı, beyindeki değişimlerin kişilik değişimlerine neden olduğunu görebilecekti. Bazı değişimler insanları depresyona, bazıları manik bozukluklara sürüklerken, bazıları da din anlayışında, mizah duygusunda ya da kumara yönelik eğilimlerinde farklılıklar yaratır. Dolayısıyla zihinsel olanın fiziksel olandan ayrılabileceği görüşü, temelde sorunludur.

Göreceğimiz üzere, modern nörobilimin yapmaya çalıştığı şey, ayrıntılı nöral etkinliklerle belirli bilinç durumları arasındaki bağlantıyı ortaya koymaktır. Bu alanın henüz çok genç olduğu düşünülürse, bilinç hakkında tam bir anlayışa kavuşmak, olasılıkla yeni kuram ve keşiflerin de devreye girmesini gerektirecektir.

kimi zaman, beyzbolun kurallarını anlamak için stadyumun dışına mikrofon tutmaya benzetilir. Bununla birlikte EEG yine de, uyanıklık ve uyku durumları arasındaki farklarla ilgili hızlı bir bakış kazanmamız açısından yararlıdır.

Uyanık olduğunuzda beyin dalgalarınız, sahip olduğunuz milyarlarca nöronun birbiriyle karmaşık bir alışveriş içinde bulunduğunu gösterir. Bunu, maç seyircileri arasında gerçekleşen binlerce teke tek konuşma gibi düşünebilirsiniz.

Uyuduğunuzda ise, vücudunuz sanki bütün şalterleri kapamış gibidir. Bu nedenle nöron stadyumunun birden sessizleştiği varsayımını yapmak da doğaldır. Ancak 1953'te bu varsayımın yanlış olduğu keşfedilmiştir: Beyin gün içinde ne kadar etkinse, geceleri de o kadar etkindir. Nöronlar, uyku sırasında yalnızca birbirleriyle farklı türden bir eşgüdüm içinde çalışır ve daha eşzamanlı (senkronize), daha ritmik bir duruma geçerler. Bunu anlamak için, şimdi de stadyumdaki izleyici kalabalığının süreğen bir Meksika dalgası yarattığını farz edin.

Tahmin edebileceğiniz gibi, bir stadyumdaki tartışmaların karmaşıklığı, binlerce karşılıklı konuşmanın aynı anda gerçekleştiği durumlarda çok daha fazladır. Topluluğun kükreyen sürekli bir dalganın yapısına katıldığı durumlar ise aksine, düşünsellik düzeyi açısından daha geridedir.

Öyleyse, belirlenmiş herhangi bir anda kim olduğunuz, nöronlarınızın ateşlenme düzeni içinde sergiledikleri ayrıntılı ritmlere bağlıdır. Gün içinde, bu bütünleşik nöral karmaşıklık içinden bilinçli bir "siz" çıkacak, nöronlarınız arasındaki etkileşimlerin çok az değiştiği geceleri ise bu "siz" ortadan kaybolacaktır. Sevdikleriniz bu arada sabahı; nöronların dalgayı ölüme terk edip tekrar karmaşık ritmlerine döndükleri anı beklemek zorundadırlar. Çünkü ancak o zaman geri dönersiniz.

Demek ki kim olduğunuzu belirleyen, aslında nöronlarınızın an be an çevirdikleri işlerdir.

BEYİN KAR TANESİ GİBİDİR

Lisansüstü eğitimimi tamamladıktan sonra, bilimsel kahramanlarımdan biri olan Francis Crick'le çalışma olanağı bulmuştum. Onu tanıdığımda, çabalarını artık bilinç konusuna yönlendirmiş durumdaydı. Odasındaki karatahta yazıyla dolmuştu; ama bana her zaman çarpıcı gelmiş olan şey, sözcüklerden birinin tam ortaya ve diğerlerinden çok daha büyük yazılmış olmasıydı. Bu, "anlam" sözcüğüydü. Nöronlar, ağlar ve beyin bölgelerinin mekaniği hakkında çok şey biliyoruz; ama içeride dolaşıp duran onca sinyalin bizim için herhangi bir anlam taşımasının nedenini bilmiyoruz. Nasıl oluyor da beyin maddesi, bir şeylere anlam yüklememizi sağlayabiliyor?

Anlam problemi henüz çözülmüş değil; ancak şu kadarını söylemekte bir sakınca olmasa gerek: Bir şeyin sizin için anlamı bütünüyle, yaşam deneyimlerinizin tarihi üzerine kurulmuş olan beyinsel ilişkiler ağıyla ilgilidir.

Elime bir kumaş parçası aldığımı, üzerine biraz boya sürdüğümü ve görme sisteminizin dikkatine sunduğumu düşünün. Bu, herhangi bir anınızı tetikleyip hayal gücünüzü harekete geçirecek midir sizce? Büyük olasılıkla hayır; çünkü elimdeki şey ne de olsa bir kumaş parçasından fazlası değildir.

Ama şimdi de düşünün ki, kumaştaki boyalar öyle bir düzenleniyor ki, bir ulusal bayrağın deseni çıkıyor ortaya. Bu görüntü, hiç kuşkusuz size bir şeyler çağrıştıracaktır; ancak sizin için taşıdığı o belirli anlam, tüm deneyimlerinize bağlı olarak benzersizdir. Nesneleri oldukları gibi değil, "size göre" oldukları gibi algılarsınız.

Her birimiz, genlerimiz ve deneyimlerimizin yönlendirmesiyle kendi çizgimiz üzerinde yol almakta olduğumuzdan, her beyin de kendi içsel yaşamına sahiptir. Bir kar tanesi ne kadar benzersizse, bir beyin de öyledir.

Sahip olduğumuz trilyonlarca bağlantı hiç durmaksızın tekrar tekrar oluştukça, ortaya çıkan ayırıcı örüntüler, sizin gibi birinin daha önce varolmadığı ve bundan sonra da varolmayacağı anlamına gelir. Tam şu anda deneyimlediğiniz bilinçli farkındalık, yalnızca ve yalnızca size özgüdür.

Fiziksel madde sürekli değişim altında olduğundan, biz de öyleyiz. Sabit ve durağan canlılar değil, beşikten mezara kadar işlenip gelişen birer yapıtız.

Fiziksel nesneleri yorumlama biçiminiz, neredeyse tümüyle beyninizin izlemiş olduğu tarihsel yola bağlıdır ve bunda nesnelerin kendileri çok az paya sahiptirler. Bu iki dikdörtgen, birtakım renk düzenlemelerinden ibarettir. Bir köpek, aralarında anlamlı bir fark göremez. Bu iki şekle tepkiniz her neyse, şekillerin kendileriyle değil, tamamen sizinle ilgilidir.

2

GERÇEKLİK NEDİR?

Beynin biyolojik iç yapısı deneyimlerimizi nasıl oluşturur? Zümrüt yeşilinin görüntüsünü, tarçının tadını, ıslak toprağın kokusunu? Ya size deseydim ki çevrenizdeki dünya, bütün zengin renkleriyle, dokusuyla, sesleriyle ve kokularıyla yalnızca bir yanılsama; beyninizin sizin için tasarladığı bir gösteri? Gerçekliği olduğu gibi algılayabilseydiniz, onun renksiz, kokusuz, tatsız sessizliği karşısında donakalırdınız. Beyninizin dışında kalan her şey, enerji ve maddeden ibarettir. Milyonlarca yıllık evrim süreci boyunca, insan beyni bu enerji ve maddeyi zengin bir varlık deneyimine dönüştürmede ustalaşmıştır. Ama nasıl?

GERÇEKLİK YANILSAMASI

Sabah uyandığınız andan başlayarak bir ışık, ses ve koku selinin hücumuna uğrarsınız; duyularınız dolup taşar. Yapacağınız tek şey, her gün orada olmaktır; düşünmenize ya da herhangi bir çaba göstermenize gerek kalmadan, dünyanın yadsınamaz gerçekliğiyle sarılmışsınızdır artık.

Sayfada hiçbir şey hareket etmediği halde, bu şekilde hareket algılarsınız. Dönen Yılanlar yanılsaması Akiyoshi Kitaoka'ya aittir.

Peki ama bu gerçekliğin ne kadarı beyninizin ürünüdür? Ne kadarı yalnızca sizin kafanızın içinde kendini gösterir?

Önceki sayfadaki "dönen yılanlar" görüntüsüne bakın. Aslında sayfada hareket eden bir şey olmadığı halde, çemberler döndükleri izlenimini vermektedirler. Şeklin yerinde sabit durduğunu bildiğiniz halde, beyniniz nasıl olur da hareket algılar?

A ve B olarak işaretlenmiş karelerin renklerini karşılaştırın. Dama tahtası yanılsaması Edward Adelson'a aittir.

Bir de yukarıdaki dama tahtasına göz atın.

Pek öyle görünmese de, A ile işaretli karenin rengi, B ile işaretli karenin rengiyle aynıdır. Resmin geri kalanını kapatırsanız bunun doğru olduğunu göreceksiniz. Fiziksel yönden birbirinin aynı olan bu iki kare, nasıl bu kadar farklı görünebilir?

Bu tür göz yanılsamaları, dış dünyayla ilgili kurduğumuz görüntünün, gerçeği tam olarak temsil etmeyebileceğinin ilk ipuçlarını verir bize. Gerçeklik algımız, "oralarda" olup bitenlerden çok, beynimizin içinde olup bitenlerle ilgilidir.

GERÇEKLİK DENEYİMİ

Duyularınız aracılığıyla dış dünyaya doğrudan erişiminiz olduğunu hissedersiniz. Elinizi uzatır ve fiziksel dünyaya ait bir nesneye dokunabilirsiniz; bu kitap ya da oturmakta olduğunuz koltuk gibi. Bu dokunuşu parmaklarınızda hissetseniz de, aslında her şey beynin görev kontrol merkezinde gerçekleşmektedir. Aynı şey, bütün duyusal deneyimleriniz için de geçerlidir. Görme, gözlerinizde; işitme, kulaklarınızda; koklama, burnunuzda yürütülen eylemler değildir. Bütün duyusal deneyimleriniz, beyninizdeki bilgisayımsal malzeme içindeki etkinlik fırtınalarıyla gerçekleşir.

İşin özü şurada yatar: Beyninizin dışarıdaki dünyaya herhangi bir erişimi yoktur. Kafatasınızın içindeki karanlık, sessiz odasına hapsedilmiş olan bu organ dış dünyayı hiçbir zaman doğrudan deneyimlememiştir ve deneyimleyemeyecektir de.

Dışarıdaki bilginin beyne girişi için tek bir yol vardır: Duyu organlarınız, yani gözleriniz, kulaklarınız, burnunuz, diliniz ve deriniz birer çevirmen olarak işlev görür ve birbirinden çok farklı bilgi kaynaklarından (fotonlar, hava basınç dalgaları, molekül derişimleri, basınç, doku, sıcaklık gibi) algıladıkları bilgileri beyinde kullanılan ortak birime; elektrokimyasal sinyallere dönüştürürler.

Bu elektrokimyasal sinyaller, yoğun nöron ağı içinde fişek gibi ilerlerler. Sinyal üretici temel hücreler, nöronlardır. Beyin içinde bulunan yaklaşık yüz milyar nörondan her biri, yaşamınız boyunca her saniye onlarca ya da yüzlerce elektrik atımını binlerce başka nörona göndermektedir.

Deneyimlediğiniz her şey, algıladığınız her bir görüntü, ses ya da koku, dolaysız bir deneyim olmaktan çok, karanlık bir tiyatroda oynanan elektrokimyasal bir yorumdur.

Öyleyse beyin, bu muazzam elektrokimyasal örüntüleri, dünyayla ilgili işe yarar bir kavrayışa nasıl dönüştürür? Bunu yapmak için kullandığı yol, farklı duyusal girdilerden aldığı sinyalleri karşılaştırmak ve "dışarıda olup bitenler" hakkında en iyi tahmini yürütmek için de var olan örüntüleri saptamaktır. Bu işleyiş öylesine güçlüdür ki, yapılan işin hiç çaba gerektirmediği izlenimini verir. Ama biraz daha yakından bakalım duruma.

En baskın duyumuzla; görmeyle işe başlayalım. Görme eylemi bizim için öylesine doğaldır ki, bunu gerçekleştiren harikulade mekanizmayı takdir etmek zordur. İnsan beyninin yaklaşık üçte biri görme işlevine; ham haldeki ışık fotonlarını annemizin yüzüne, sevgi dolu hayvan dostumuza ya da üzerinde uyumak üzere olduğumuz kanepeye dönüştürmeye adanmıştır. Perde arkasında yürüyen işleri görebilmek için, görme duyusunu kaybettikten sonra onu yeniden kazanma şansını yakalayan bir kişinin hikâyesine göz atalım.

ARTIK GÖRÜYORUM

Mike May, görme yetisini üç buçuk yaşındayken kaybetmişti. Kimyasal bir patlama nedeniyle korneası hasar görmüş ve gözlerinin fotonlara erişim yolu kalmamıştı. Ama körlük, onu hem başarılı bir işadamı hem de bir paralimpik şampiyona kayakçısı olmaktan alıkoymamıştı. Kayak yaparken, yolunu sesli işaretlerden yararlanarak buluyordu.

Mike, kör olarak geçirdiği kırkı aşkın yılın sonunda, gözlerindeki fiziksel hasarı onarabilecek, öncü nitelikteki bir kök hücre tedavisinden haberdar oldu ve ameliyat olmaya karar verdi. Körlüğü ne de olsa korneadaki berraklık yitiminin bir sonucuydu; çözüm bu durumda apaçıktı.

Ancak beklenmedik bir şey oldu. Bandajların çıkarıldığı anı görüntüleyebilmek için televizyon kameraları da hazır beklemekteydi. Mike, doktoru sargılarını açarken yaşadığı deneyimi şöyle anlatıyordu: "Bir anda ışıklar çakmış ve görüntüler gözüme doğru yağmaya başlamıştı. Aniden serbest kalmış bir görsel bilgi seli düşünün. Bu etki, benim için fazla güçlüydü."

Mike'ın yeni korneaları ışığı tam da olması gerektiği gibi alıyor ve odaklıyorlardı; ama beyni, almakta olduğu bu bilgiden bir anlam çıkaramamıştı. Mike, çekimdeki haber kameralarının karşısında çocuklarına baktı

DUYUSAL DÖNÜŞTÜRME

Biyoloji, dış dünyadan gelen bilgiyi elektrokimyasal sinyallere dönüştürmek için birçok yol bulmuştur. Sahip olduğunuz çeviri makinelerinden bazıları şunlardır: iç kulaktaki tüy hücreleri, deride bulunan farklı tiplerdeki dokunma reseptörleri (almaçları), dildeki tat cisimcikleri, koku soğancığındaki moleküler reseptörler ve gözün arkasındaki ışık reseptörleri (fotoreseptörler).

Dış ortamdan gelen sinyaller, beyin hücrelerince taşınan elektrokimyasal sinyallere "çevrilmek" zorundadır. Bu, beynin vücut dışındaki dünyadan gelen bilgilerle temas kurması için gereken ilk adımdır. Gözler, fotonları; iç kulak mekanizmaları havadaki titreşimleri; derideki (ayrıca vücut içindeki) reseptörler (almaçlar) basınç, gerilme, sıcaklık ve zararlı kimyasalları; burun, havada süzülen koku moleküllerini; dil de tat moleküllerini elektrik sinyallerine dönüştürür. Dünyanın dört bir köşesinden ziyaretçilerin akınına uğrayan bir şehirde, parasal işlemlerin geçerli olabilmesi için yabancı paranın ortak bir para birimine dönüştürülmesi gerekir. Aynı şey beyin için de geçerlidir. Temelde kozmopolit bir yapıya sahip olan bu organ, birçok farklı kökenden ziyaretçiyi kabul eder.

Nörobilimin çözülmemiş bilmecelerinden biri, "birleştirme problemi" olarak bilinir: Görme belirli bir beyin bölgesinde, işitme bir başkasında, dokunma bir başkasında, vs. işlendiğine göre, beyin dış dünyayla ilgili tek ve bütünleşik bir resmi nasıl oluşturur? Bu sorunun yanıtı hâlâ verilememiş olsa da, nöronlar arasında kullanılan ortak birimin (ve bunun yanında, muazzam bağlanma özelliklerinin), çözümün anahtarı olduğu düşünülmektedir.

ve gülümsedi. Ancak gerçekte dehşete düşmüştü; çünkü dış görünüşlerinden bir şey anlamadığı gibi, hangisinin hangisi olduğunu da çıkaramamıştı. "Ne yüzlerini tanıdım ne de başka bir şeyi" diye anlatıyordu.

Nakil, cerrahi açıdan tam anlamıyla başarılı olmuştu. Ama Mike'a sorarsanız, yaşadığı şeyi "görme" olarak tanımlamak zordu. Durumu şöyle özetliyordu Mike: "Beynim o sırada 'Aman tanrım!' diye haykırıyor olsa gerek".

Mike, doktorların ve ailesinin de yardımıyla muayene odasından çıkıp koridora yürürken bir yandan da bakışlarını da halıya, duvardaki resimlere, kapı girişlerine yöneltiyor, ancak bunların hiçbiri kendisine bir şey ifade etmiyordu. Eve gitmek üzere arabaya oturtulduğunda, gözlerini arabalara, binalara, çevresinden hızla geçen insanlara çevirmiş ve ne gördüğünü anlamaya çalışsa da başarılı olamamıştı. Otoyola çıktıklarında ise, önlerindeki büyük dikdörtgene çarpacaklarını düşünerek irkilmişti. Büyük dikdörtgen, aslında altından geçtikleri bir otoyol levhasıydı. Nesnelerin ne kimlikleri ne de derinlikleri hakkında bir fikri vardı. Hatta ameliyattan sonra kayak yapmak, körken yaptığından daha zor hale gelmişti. Derinlik algısında yaşadığı sorunlar nedeniyle insanlar, ağaçlar, gölgeler ve delikler arasındaki farkı anlamakta zorlanıyordu. Hepsi onun için karın beyazlığıyla tezat oluşturan koyu renkli nesnelerdi yalnızca.

Mike'ın deneyimlerinden ortaya çıkan ders, görme sisteminin bir kamera gibi çalışmadığıdır. Buna paralel olarak görmek, merceğin önündeki kapağı açmaktan ibaret değildir. Görmek için işlevsel gözlerden fazlası gerekir.

Mike örneğinde, kırk yıl sürmüş olan körlük, beyinde görme sistemine ayrılmış alanın (görme korteksinin), büyük oranda başka duyularca (işitme ve dokunma gibi) işgal edilmesine neden olmuştu. Bu da beynin, görme işlevi için ihtiyaç duyduğu bir şeyi; bütün sinyalleri bir araya dokuma becerisini etkilemişti. İleride değineceğimiz üzere görme, milyarlarca nöronun, karmaşık bir senfoniye benzetilebilecek belirli bir yapılanma içindeki eşgüdümü sonucunda ortaya çıkar.

Ameliyatın üzerinden on beş yılın geçtiği bugünlerde Mike, kâğıt üzerindeki yazıları okurken ya da yüz ifadelerini anlamlandırırken hâlâ zorlanıyor. Kusurlu görsel algılarının ona sunduğundan daha iyisine ihtiyacı olduğunda da, sağlama yapmak için diğer duyularından yararlanıyor ve gerektiğinde dokunuyor, kaldırıyor, dinliyor. Duyular aracılığıyla yapılan bu karşılaştırma ise henüz çok küçükken, beynimizin dünyayı anlamaya çalıştığı ilk zamanlarda hepimizin uyguladığı bir yöntem.

GÖRMEK İÇİN GÖZLERDEN FAZLASI GEREKİR

Bebeklerin önlerindeki bir nesneye dokunmak üzere uzanmaları, yalnızca dokusunu ve biçimini öğrenmek için değildir. Bu tür hareketler, görmeyi öğrenmek için de gereklidir. Vücut hareketlerimizin görme için gerekli olduğu düşüncesi biraz tuhaf gelse de, bu görüş

1963'te iki kedi yavrusuyla yapılan incelikli bir deneyle doğrulanmıştı.

MIT (Massachusetts Teknoloji Enstitüsü) araştırmacılarından Richard Held ve Alan Hein, dikey şeritlerle boyanmış bir silindirin içine iki kedi yavrusu koydular. İki kedi de, silindirin içinde hareket ederken görsel uyaranları alabiliyordu; ancak yaşadıkları deneyimler arasında önemli bir fark vardı: Birinci kedi kendi hareketiyle yürürken, ikincisi, merkezî eksene bağlı bir kutu içinde yer değiştiriyordu. Düzenek, iki kedinin de tam olarak aynı şeyi göreceği şekilde ayarlanmıştı.

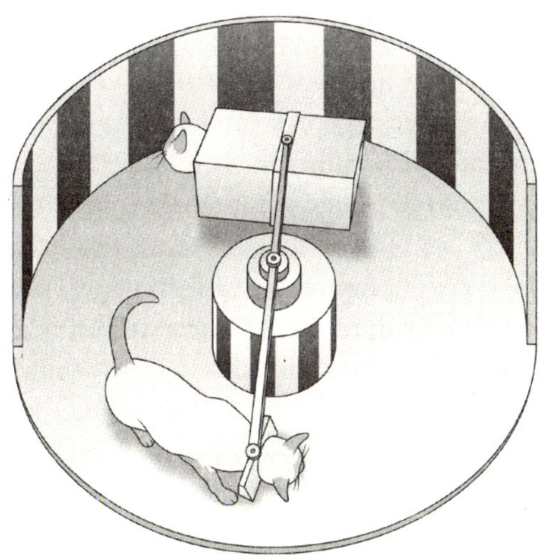

Dikey şeritlerle boyanmış bir silindirin içindeki iki kediden biri yürürken, diğeri kutu içinde taşınmıştı. İkisi de aynı görsel uyaranlara maruz kalmış, ancak yalnızca kendi hareketleriyle yer değiştiren –yani kendi hareketlerini görsel uyarandaki değişimlerle eşleştirebilen– kedi düzgün bir görüş geliştirebilmişti.

Şeritler, ikisi için de aynı zamanda ve aynı hızla dönüyordu. Görme eylemi, eğer fotonların göze çarpmasından ibaretse, iki kedinin görme sistemlerinin de aynı şekilde gelişmesi gerekirdi. Ama şaşırtıcı sonuca göre, kendi hareketiyle yer değiştiren kedide normal görüş gelişirken, kutunun içinde hareket eden kedi normal biçimde görmeyi öğrenemedi; çünkü görme sistemi de normal bir gelişim gösterememişti.

Görmek, fotonların beyindeki görme korteksi tarafından doğrudan yorumlanabilmesi demek değildir; bu deneyime bütün vücut dâhil olur. Beyne gelen sinyaller, ancak alıştırmalar yoluyla anlam kazanır; bunun için de sinyallerin, hareketlerimiz ve onların duyusal sonuçlarıyla ilgili bilgilerle eşleştirilmeleri gerekir. Beynin, görsel verilerin gerçek anlamlarına ilişkin doğru yorumlar yapabilmesinin tek yolu budur.

Doğduğunuzda dünyayla herhangi bir etkileşimde bulunamıyor ve duyusal bilginin anlamını geribildirim aracılığıyla çözümleyemiyor olsaydınız, görmeniz de kuramsal olarak mümkün olmayacaktı. Bebekler yataklarındaki parmaklıklara çarptıklarında, ayak parmaklarını ağızlarına soktuklarında ya da oyuncak küpleriyle oynadıklarında yaptıkları şey, keşiften ibaret değildir; aslında bir yandan da görme sistemlerini eğitmektedirler. Karanlıkla çevrili beyinleri bu sırada, dünyaya sunulan hareketlerin (başı döndürmek, bir nesneyi itmek ya da elinden bırakmak gibi), geri dönen duyusal girdileri nasıl etkilediğini öğrenmektedir. Bu geniş kapsamlı deneylerin sonucunda görme eylemi de yavaş yavaş gelişir.

GÖRMEK, SANILDIĞI KADAR KOLAY DEĞİL

Görmek, insana öyle zahmetsiz bir iş gibi gelir ki, beynin bunu mümkün kılmak için harcadığı çabayı takdir etmek zordur. Ben de bu sürece biraz daha yakından bakmak için Irvine, California'ya gittim. Görme sistemim beklediği sinyalleri alamayınca olacakları merak ediyordum.

California Üniversitesi'nden Dr. Alyssa Brewer, beynin uyum gösterme kapasitesi üzerine çalışmalar yapıyor. Bunun için katılımcıları dış ortamın sağ ve sol taraflarının yer değiştirmesini sağlayan prizmatik gözlüklerle donatarak, görme sisteminin yeni durumla nasıl başa çıkmaya çalıştığını inceliyor.

Prizmatik gözlükleri taktığımda dışarıda harika bir bahar günü hüküm sürmekteydi. Ama dünya, benim için bir anda tersine döndü: Sağımdaki nesneler solda, solumdakiler de sağda görünüyordu. Alyssa'nın nerede durduğunu anlamaya çalıştığımda görme sistemim bir şey, işitme sistemim de başka bir şey söylüyordu bana. Duyularım birbiriyle uyuşmuyordu. Bir nesneyi tutmak için uzandığımda, elimin görüntüsü, kaslarımın iddia ettiği konumda değildi. Daha iki dakika geçmemişti ki, midem bulanmaya, vücudum terlemeye başlamıştı.

Gözlerim normal biçimde çalıştığı ve dünyayı algılamaya devam ettiği halde, görsel veri akışı diğer sistemlere ait veri akışlarıyla uyuşmamaktaydı. Beynimin işi oldukça zorlaşmıştı. Sanki görmeyi yeni baştan öğreniyordum.

Bu gözlükleri takmanın, bana sonsuza kadar aynı ölçüde güç gelmeyeceğini biliyordum. Bir diğer katılımcı olan Brian Barton bunları bir haftadır kullanmaktaydı ve hiç de benim gibi kusma noktasına gelmiş görünmüyordu. Uyum düzeylerimizi karşılaştırabilmek için, onu bir pişirme yarışmasına davet ettim. Yarışmada bir kaba yumurta kıracak, kek karışımını yumurtaya ilave edip karıştıracak, hamuru küçük kalıplardan oluşan kalıp tepsisine dökecek ve tepsiyi fırına verecektik.

Buna yarışma falan denmezdi. Brian'ın kekleri fırından gayet normal bir görünümle çıkmış, benim yaptığım hamur ise kısmen tezgâhta kurumuş, kısmen de tepsiye sıvanmış halde pişmişti. Brian fazla sıkıntıya girmeden yolunu bulmayı becerirken ben yanında fazlasıyla beceriksiz kalmıştım. Yaptığım her hareket için bilinçli biçimde düşünmek ve çabalamak zorundaydım.

Bu gözlükleri takmak, görsel işlemleme süreci arkasında yatan, normalde gizlenmiş durumdaki çabayı deneyimleme şansı tanımıştı bana. O sabah, gözlükleri takmamın hemen öncesinde beynim dünyaya ilişkin yıllar sürmüş deneyiminden yararlanabilmekteydi. Ama tek bir duyusal girdinin basitçe yer değiştirmesi, bütün işleri bozmuştu.

Brian'ın beceri düzeyine ulaşmak için, dünyayla bu şekilde etkileşim kurmaya günlerce devam etmem gerektiğini biliyordum. Nesneleri kavrayabilmek için uzanıp duracak, seslerin geldiği yönü izleyecek, kol ve bacaklarımın konumlarına sürekli dikkat edecektim. Tıpkı Brian'ın yedi gündür yapmakta olduğu gibi ben de yeterince alıştırma yaparsam, beynim duyular arasında kesintisiz biçimde kurduğu çapraz bağlantıların etkisiyle eğitilebilecekti. Sahip olduğum nöral ağlar, beyne giren çeşitli veri akışlarının, diğer veri akışlarıyla nasıl eşleştiğini bu eğitimle çözebilirdi.

Brewer, gözlükleri birkaç gün takan insanların sol ve sağ kavramlarının "yeni" ve "eski" formlarını ayırt etme yönünde içsel bir sezi geliştirdiklerini açıklıyor. Bu kişiler bir hafta sonra tıpkı Brian gibi normal biçimde yer değiştirebilir hale geliyor ve hangi sağ ve solun "eski", hangisinin "yeni" olduğuyla ilgili kavramsal temeli kaybediyorlar. Dünya için kurmuş oldukları uzamsal harita, böylece değişiyor. İki haftanın sonunda ise, artık okuma ve yazmaları düzeldiği gibi, yürüme ve yakalama hareketleri de gözlüksüz bir kişinin düzeyine ulaşmış oluyor. Sonuçta, böylesine kısa bir sürede yer değiştirmiş girdilerle rahatça başa çıkabilir hale gelebiliyorlar.

Beyin, aslında girdinin ayrıntılarıyla fazla ilgilenmez; ilgilendiği tek şey, dünyada yolunu bulup ihtiyacı olan şeyi elde etmenin en verimli ve etkili yolunu çözümlemektir. Daha düşük düzeyde kalan sinyallerle uğraşma işi, sizin adınıza böylece halledilir. Olur da günün birinde bu prizmatik gözlüklerden takma şansını yakalarsanız, fırsatı kaçırmayın. Bu deneyim, görme işini zahmetsiz gibi göstermek için beynin harcadığı büyük çabayı anlamanızı sağlayacaktır.

DUYULARDA EŞZAMANLILIK

Artık biliyoruz ki algılarımız, beynimizin farklı türden duyusal veri akışlarını birbirleriyle karşılaştırmasını gerektiriyor. Ancak, bu tür karşılaştırmaları oldukça zor hale getiren bir şey vardır: zamanlama. Bütün duyusal veri akışları (görme, işitme, dokunma, vb.) beyinde farklı hızlarla işlenirler. Bir yarış pistindeki kulvarlara dizilmiş kısa mesafe koşucularını düşünün. Tabanca ateşlendiği anda çıkış takozlarından fırladıkları izlenimine kapılırsınız. Ama aslında iki eylem eşzamanlı (senkronize) değildir: Yarışçıları yavaş çekimde izlerseniz, tabanca atışıyla hareketin başlangıcı arasında az sayılmayacak bir aralık olduğunu fark edersiniz: saniyenin onda ikisi kadar. (Hatta bundan önce çıkış yapanlar yarıştan diskalifiye edilirler.) Atletler, bu aralığı mümkün olduğunca kısaltmak için antrenman yapsalar da, biyolojileri onlara birtakım temel sınırlar dayatmaktadır: Beynin sesi kaydetmesi ve önce motor kortekse, oradan da omurilik aracılığıyla kaslara sinyal göndermesi gerekir. Saniyenin binde birinin kazanmak ya da kaybetmek anlamına gelebildiği bir sporda, bu tepki şaşırtıcı ölçüde yavaş gibidir.

Peki, yarışı başlatmak için sözgelimi tabanca yerine bir flaş ışığından yararlansak, bu gecikmeyi kısaltmak mümkün olabilir mi? Işık sesten hızlı yol aldığına göre, bu değişiklik yarışçıların çıkışını hızlandıramaz mı?

Bu düşünceyi sınamak için birkaç kısa mesafe koşucusu bir araya geldik. 59. sayfada üstteki fotoğraf flaş ışığıyla, alttaki de tabancayla çıkış yaptığımız iki durumu gösteriyor.

Yaptığımız denemede, ışığa daha yavaş tepki vermiştik. Dış dünyada ışığın hızını hesaba kattığımızda, bu sonuç ilk bakışta sezgilerimize ters düşüyor. Ancak olanları anlamak için asıl dikkate almamız gereken şey, içerideki bilgi işlemleme hızı olmalıdır. Görsel veriler, işitsel verilerle kıyaslandığında daha karmaşık işlemleme sürecine tabidirler. Bu nedenle, flaş ışığıyla ilgili bilgileri taşıyan sinyallerin görme sisteminde ilerlemesi, patlama sesini taşıyan sinyallerin işitme sisteminde ilerlemesinden daha uzun zaman alır. Biz de ışığa 190 milisaniyede, sese ise yalnızca 160 milisaniyede tepki vermiştik. Koşuculara çıkış işareti verirken tabanca kullanılmasının nedeni de budur.

Ancak bu noktada işler biraz tuhaflaşıyor. Az önce, beynin sesleri görüntülerden daha hızlı işlediğini söyledik. Ama ellerinizi gözünüzün önünde çırptığınızda neler olduğuna dikkat edin. Bunu hemen deneyebilirsiniz.

Kısa mesafe koşucularının, takoz tahtasından çıkış yaparken tabanca sesine verdikleri tepki (altta), ışığa verdikleri tepkiden (üstte) daha hızlıdır.

Her şey ne kadar da eşzamanlı görünüyor, değil mi? Peki, ses ışıktan daha hızlı işleniyorsa bu nasıl olabilir? İşin aslı şu ki, gerçeklik algınız, aslında ustalıkla yapılan düzenleme hilelerinin bir sonucudur: Beyin, sinyallerin varış zamanları arasındaki farkı gizler. Nasıl mı? Size gerçeklik olarak sunduğu şey, özünde gerçekliğin geciktirilmiş bir versiyonudur. Beyniniz, olan bitenle ilgili bir hikâyeye karar vermeden önce, duyulardan gelen bütün bilgileri bir araya toplar.

Zamanlamayla ilgili bu zorluklar işitme ve görmeyle sınırlı değildir. Duyusal bilgiler, duyunun türüne bağlı olarak farklı sürelerde işlenir. Yetmezmiş gibi, tek bir duyu için de zamansal farklılıklar söz konusu olabilir. Sözgelimi, ayak başparmağınızdan gelen sinyallerin beyne ulaşması, burundan gelen sinyallerle kıyaslandığında daha uzun sürer. Ama bu farkları algılamazsınız. Önce sinyalleri bir araya topladığınızdan, her şey size eşzamanlı görünür. Bütün bunlardan çıkan tuhaf sonuç, aslında geçmişte yaşadığınızdır. Siz an'ı yaşadığınızı hissedene kadar, o an çoktan uçup gitmiştir. Duyulardan gelen bilginin eşzamanlı hale getirilmesi için ödediğiniz bedel, bilinçli farkındalığın fiziksel dünyanın gerisinden gelmesidir. Bu, bir olayın gerçekleşmesi ile onu deneyimlemeniz arasındaki aşılmaz boşluğu temsil eder.

DUYULAR ENGELLENİRSE GÖSTERİ BİTER Mİ?

Gerçeklik deneyimimiz, beynimizin nihai kurgusudur. Bu deneyim, duyulardan gelen bütün veri akışlarına dayansa da, onlara bağımlı değildir. Nereden mi biliyoruz? Biliyoruz, çünkü duyularımızı kaybettiğimizde gerçeklik algımız sonlanmaz; sadece tuhaflaşır.

Güneşli bir San Francisco gününde, bir tekneye bindim ve soğuk suları aşarak meşhur ada hapishanesi Alcatraz'a vardım. Niyetim "Delik" adı verilen özel bir hücreyi görmekti. Dış dünyada kuralları çiğnediğinizde Alcatraz'a gönderilirdiniz. Alcatraz'da kuralları çiğnediğinizde ise Delik'e gönderilirdiniz.

Delik'e girdim ve kapıyı arkamdan kapadım. Burası yaklaşık üç metreye üç metre boyutlarında, zifiri karanlık bir hücreydi; tek bir ışık fotonunun bile içeriye sızmasına olanak yoktu. Bunun yanında, hücrede mutlak bir sessizlik hakimdi. Burada tümüyle yalnız, tam anlamıyla kendinizle baş başaydınız.

Bu hücrede saatlerce ya da günlerce kapalı kalmak nasıl bir deneyimdi? Yanıtı bulmak için Alcatraz'da bir süre kalmış eski mahkûmlardan biriyle görüştüm. Silahlı soyguncu Robert Luke ("Cold Blue Luke" lakabıyla tanınıyordu) hücresini paramparça ettiği için Delik'te yirmi dokuz gün tutulmuştu. Şöyle anlatıyordu deneyimlerini: "Karanlık Delik kötü bir yerdi. Burada tutulmayı kaldıramayanlar olmuştu. Girdikten birkaç gün sonra kafalarını duvarlara vuruyorlardı. Oraya girince neler yapacağınızı bilmezdiniz. Öğrenmek de istemezdiniz."

Dış dünyadan tümüyle yalıtılmış, ne ses ne de ışığın olduğu bu delikte Luke'un gözleri ve kulakları herhangi bir uyarana aç kalmış, ama zihni "dış dünya" kavramını terk etmeyerek kurgulamalarını sürdürmüştü: "Hatırlıyorum da, hayallere dalıp giderdim. Sıkça

BEYİN BİR KENT GİBİDİR

Tıpkı bir kentte olduğu gibi, beynin bir bütün olarak işleyişi de sayısız bileşeninin birbirleriyle bir ağ aracılığıyla kurdukları etkileşimin sonucudur. Beynin her bir bölgesine "falanca bölge falanca işi yapar" gibilerinden belirli bir işlev atama eğilimi karşımıza sık çıkar. Ama beyinsel işlevler, sınırları belirgin bir modüller topluluğundaki etkinlik toplamı olarak ele alınamaz – bu yöndeki girişimlerin tarihi epeyce uzun olsa da.

Onun yerine, beyni bir kent olarak düşünün. Bir şehre kuşbakışı bakar ve "ekonomi, acaba nerede?" diye sorarsanız, böyle bir soruya verilecek iyi bir yanıt olmadığını da görürsünüz. Çünkü ekonomi, kentteki bütün unsurların etkileşiminden ortaya çıkmaktadır; mağaza ve bankalardan, tüccarlar ve müşterilere kadar.

Aynı şey beynin işleyişi için de geçerlidir; her şey tek bir yerde gerçekleşmez. Tıpkı bir kentte olduğu gibi, beynin mahalleleri de birbirinden yalıtılmış halde işlemez. Hem beyinler hem de kentlerde her şey, sakinlerin birbiriyle etkileşimi sonucu ortaya çıkar. Bu etkileşim, yerel ya da uzak mesafeli olsun, bütün ölçekleri kapsar. Trenler bir kente çeşitli malları nasıl taşıyor, o mallar da ekonomi içinde nasıl işleniyorsa, duyu organlarından gelen ham haldeki elektrokimyasal sinyaller de dev nöron otoyolları aracılığıyla tıpkı bu şekilde taşınırlar. Sinyaller, bu trafik içinde işlenip dönüşüme uğratılarak bilinçli olarak yaşadığımız gerçekliğin parçası olurlar.

gördüğüm hayallerden biri de, uçurtma uçurmaktı. Basbayağı gerçekmiş gibi yaşıyordum bunu." Luke'un beyni görmeye devam etmekteydi.

Bu tür deneyimler, hücre hapsinde tutulan mahkûmlar arasında sık görülür. Delik'te kalmış bir başka mahkûm ise, zihninde bir ışık noktası gördüğünü anlatmıştı. Bu noktayı büyüterek bir televizyon ekranına dönüştürüyor ve televizyon seyrediyordu. Yeni duyusal uyaranlardan mahrum kalan mahkûmlar, hayal kurmanın ya da dalıp gitmenin ötesine geçtiklerini söylüyorlardı. Anlattıkları deneyimler, tümüyle yaşanmış gibiydi. Görüntüleri hayal etmekle kalmıyor, görüyorlardı da.

Bu açıklamalar, dış dünya ile gerçeklik olarak düşündüğümüz şey arasındaki ilişkiye ışık tutar. Luke'un zihninde olan bitenleri nasıl anlayabiliriz? Görmeyle ilgili geleneksel modele göre algı, gözlerde başlayıp beyindeki gizemli bir sonla biten veri akışının bir sonucudur. Ama görme sürecinin bir montaj hattına benzetilebileceği bu model basit olmakla birlikte, hatalıdır da.

Aslına bakılırsa beyin, gözlerden ve başka duyu organlarından gelen bilgileri almadan önce, kendi gerçekliğini üretmeye başlamıştır bile. Bu durum "içsel model"in öngörüsüdür.

İçsel modelin temeli, beynin anatomisinde saklıdır. "Talamus" adı verilen yapı, başın önünde yer alan gözlerle arkada yer alan görme korteksi arasında konumlanmıştır. Duyusal bilgilerin çoğu, ilgili korteks alanlarına gitmeden önce burada toplanarak bağlantılar kurar. Görsel bilgiler görme korteksine gider; bu nedenle talamustan görme korteksine ulaşan bağlantıların sayısı da çoktur. Ama bu noktada bir sürpriz çıkar karşımıza: Tam tersi tarafa yönlenen bağlantıların sayısı, bunun on katıdır.

Dünyayla ilgili olarak oluşturulan ayrıntılı beklentiler (beynin, dışarıda ne olduğuna ilişkin "tahminleri"), görme korteksinden talamusa ulaştırılır. Talamus, bunları gözlerden gelen bilgiyle karşılaştırır. Karşılaştırma sonucu beklentilere uyuyorsa ("başımı çevirdiğimde, orada bir sandalye görmeyi bekliyorum"), görme sistemine yeniden yönlendirilen etkinliğin oranı da çok düşük olur. Talamusun yaptığı, aslında gözlerin ilettiği bilgiyle beynin içsel modelinin öngördükleri arasındaki farkı bildirmektir. Başka bir ifadeyle, görme korteksine geri gönderilen bilgi ("hata"), beklentilerde yer almayan, yani öngörülmemiş olan bilgidir.

Sonuçta herhangi bir anda görme olarak deneyimlediğimiz şey, gözümüze akan ışıktan çok, kafamızda zaten var olanlara dayanır.

Cold Blue Luke'un zifiri karanlık bir hücrede otururken böylesine zengin görsel deneyimler yaşamasının nedeni, işte buydu. Delik'teki tutsaklığı, duyularının beynine herhangi bir yeni girdi iletmesini engelliyor, böylece içsel modeli özgür kalarak ona canlı görüntü ve sesler sunuyordu. Beyin, dış verilerle bağlantısının kesildiği durumlarda bile kendi imgelerini yaratmayı sürdürür. Dünya sahneden çekilse bile gösteri devam eder.

İçsel modeli deneyimlemek için Delik'e tıkılıp kalmanız gerekmez. İnsanların tuzlu su üzerinde yüzdüğü karanlık, kapalı ortamlar olan "izolasyon kabinleri"nden büyük zevk alan birçok kişi vardır. Dış dünyanın ağırlığının ortadan kalktığı bu kabinlerde, içsel dünya özgürce uçabilir.

Kendi izolasyon kabininizi çok da uzaklarda aramanıza gerek yoktur aslında. Her gece uykuya daldığınızda, zengin görsel deneyimleri dolu dolu yaşarsınız. Gözleriniz kapalı olsa bile düşlerinizin renkli ve hesapsız dünyasının tadını çıkarır, üstelik her saniyesinin gerçekliğine de inanırsınız.

BEKLENTİLERİ GÖRMEK

Bir kentin herhangi bir sokağı boyunca yürüdüğünüzde, gördüğünüz şeylerin neler olduğunu, ayrıntılar üzerinde düşünmeye gerek kalmadan bilir gibisinizdir. Çünkü beyniniz, yıllardır başka sokaklardan yürüyerek kurmuş olduğunuz içsel modele başvurmuş ve ne gördüğünüzle ilgili varsayımlarda bulunmuştur. Yaşadığınız her bir deneyim, beyninizdeki içsel modele katkıda bulunur.

Duyularınızı kullanarak size ait gerçekliği her an sıfırdan kurmak yerine, duyusal bilgiyi beynin daha önce inşa etmiş olduğu bir modelle karşılaştırmakta, bu arada modeli de güncellemekte, geliştirmekte ve düzeltmektesinizdir. Beyniniz bu işte öyle ustalaşmıştır ki, bu sürecin farkında bile değilsinizdir. Ama belirli koşulların sağlandığı kimi zamanlarda, sürecin işleyişine tanıklık edebilirsiniz.

Elinize Cadılar Bayramı'nda takılanlara benzer, plastik bir yüz maskesi alın ve maskeyi çukur kısmı size bakacak şekilde çevirin. Bu yüzeyin çukur olduğunu biliyorsunuz. Ama bu bilgiye rağmen, ne yapsanız da yüz size doğru kabartı oluşturmuş gibi gelecektir. Bu deneyimin kaynağı gözünüze çarpan ham veriler değil, ömrünüz boyunca kabartılı yüzlerle alıştırma yapmış olan içsel modelinizdir. Çukur maske yanılsaması, gördüğünüz şeyde devreye giren beklentilerin gücünü

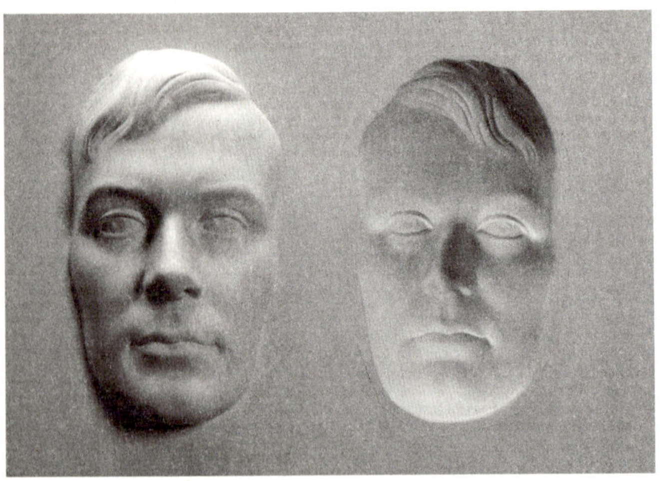

Bir maskenin çukur yüzeyine baktığınızda (sağda) gördüğünüz yüz, size doğru kabartı oluşturmuş gibidir. Bir şeye bakınca ne gördüğümüz, beklentilerimizden güçlü biçimde etkilenir.

gösterir. (Çukur maske yanılsamasına tanıklık etmenin kolay bir yolu daha vardır: Yüzünüzü yeni yağmış kar yüzeyine gömün ve çıkan izin fotoğrafını çekin. Elde edeceğiniz görüntü, beyninize kabartılı yüzeyi dışa bakan üç boyutlu bir kardan heykel gibi görünecektir.)

Dış dünyanın sizin için kararlı halde kalmasını sağlayan (hareket ettiğinizde bile), kurduğunuz içsel modeldir. Bütün canlılığıyla hatırlamak isteyeceğiniz bir kent manzarası izlediğinizi düşünün. Videosunu çekmek için cep telefonunuzu çıkarıyorsunuz. Ancak kamerayı manzara üzerinden yumuşak bir biçimde dolaştırmak yerine, onu tıpkı gözlerinizin yaptığı hareketlerle döndürmeye karar veriyorsunuz. Genellikle farkında olmasanız da gözleriniz saniyede yaklaşık dört kez, seğirmeye benzeyen ve sekmeli (sakkadik) hareket adı verilen bir hareketle döner. Videoyu bu şekilde çekmeniz durumunda, bunun hiç de uygun bir çekim tekniği olmadığını anlamanız fazla uzun sürmeyecek, filmi izlediğinizde hızla titreşen görüntüler midenizi bulandıracaktır.

Öyleyse dünya neden bakışlarınızın altında kararlı gibi görünür? Neden o tuhaf teknikle çekilen video gibi sekmeli ve mide bulandırıcı değildir? Nedeni şu: İçsel modeliniz, dış dünyanın kararlı olduğu varsayımıyla işlemektedir; gözleriniz de birer video kamera gibi çalışmaz. Onlar için mesele, dış dünyaya atılıp içsel modelinize sunacak daha fazla ayrıntı bulmaktır. İçinden baktığınız kamera merceklerine benzemezler; çünkü kafatasınızın içindeki dünyayı beslemek üzere veri toplamaktadırlar.

İÇSEL MODEL DÜŞÜK ÇÖZÜNÜRLÜKLÜ AMA GÜNCELLENEBİLİR ÖZELLİKTEDİR

Dış dünya ile ilgili olarak kurduğumuz içsel model, çevremiz hakkında hızla fikir sahibi olmamızı sağlar.

Temel görevi de budur: dünyayı kolaçan etmek. Ancak beynin, ince ayrıntıların ne kadarını dışarıda bıraktığını her zaman bütün açıklığıyla göremeyiz. Çevremizdeki dünyayı bütün ayrıntılarıyla içimize çektiğimiz yanılsaması içindeyizdir. Ama 1960'larda yapılmış bir deneyin de gösterdiği gibi, durum hiç de böyle değildir.

Rus psikolog Paul Yarbus, bir sahneyi ilk kez gören insanların göz hareketlerini izleyebileceği bir yöntem geliştirmişti. Ilya Repin'in *Beklenmeyen Ziyaretçi* tablosundan yararlanan Yarbus, katılımcılardan tablonun ayrıntılarına üç dakika süreyle dikkat etmelerini, tablo kaldırıldıktan sonra da gördüklerini anlatmalarını istemişti.

Bu deneyi yinelediğim bir çalışmada katılımcılara, tabloyu iyice inceleyebilecekleri ve beyinlerinin de gördükleri sahneyle ilgili bir içsel model kurabileceği bir süre tanıdım. Bu model ne ölçüde ayrıntılı olacaktı? Katılımcılara bazı sorular sorduğumda anladım ki, tabloyu gören herkes, içeriği hakkında bilgi sahibi olduğu kanısındaydı. Ama iş ayrıntılara gelince, beyinlerinin bu ayrıntıların çoğunu atladığı ortaya çıkmıştı. Duvarda kaç tablo vardı? Odada hangi eşyalar vardı? Çocukların sayısı kaçtı? Zemin halı mıydı, ahşap mı? Beklenmeyen ziyaretçinin yüz ifadesi nasıldı? Bu sorulara yanıt alamamak, bana katılımcıların sahneyle ilgili çok yüzeysel bir görüntü oluşturduklarını göstermişti. Düşük çözünürlüklü bir içsel modelin varlığında bile görülebilecek her şeyin görüldüğü izlenimine kapılmış olmak, katılımcıların kendilerini bile şaşırtmıştı. Soruları sorduktan bir süre sonra, yanıtların bir kısmını bulmaları için tabloya yeniden bakma şansı tanıdım onlara. Gözleri, bu sefer aradıkları bilgiyi bulmak üzere harekete geçmiş, bunları da yeni ve güncellenmiş bir içsel modelin inşasında kullanmıştı.

Çalışmamızda, Ilya Repin'in *Beklenmeyen Ziyaretçi* tablosuna bakan katılımcıların göz hareketlerini izledik. Bu hareketler beyaz çizgilerle gösterilmiştir. Göz hareketlerinin kapsadığı alan görece geniş olsa da, katılımcılar ayrıntıların neredeyse hiçbirini hatırlayamamıştı.

Alınan sonuçların nedeni, beynin başarısızlığı değildir. Beyin, dünyanın kusursuz bir simülasyonunu üretmeye çalışmaz ve içsel model de, aslında alelacele oluşturulan bir genellemeden ibarettir. Beyin, daha ince ayrıntıları nerede arayacağını bildiği sürece, gereklilik ortaya çıktıkça daha fazla ayrıntı da modele eklenebilir.

Öyleyse beyin neden bize resmi bir bütün olarak sunmaz? Çünkü enerji açısından bakıldığında, beynin çalışması oldukça maliyetlidir. Aldığımız kalorilerin yüzde yirmi kadarı beyne enerji sağlamak için kullanılır. Beyin de bu nedenle enerjiyi mümkün olduğunca verimli biçimde kullanmaya çalışır. Bu da, duyularımızdan gelen bilginin, yalnızca dünyada yolumuzu bulmak için gerektiği kadarını işlemek demektir.

Gözleri bir şeye dikip bakmanın onu görmek anlamına gelmeyebileceğini ilk keşfedenler nörobilimciler değildi. Sihirbazlar bu ilkenin farkına çok daha önceleri varmışlardı. Dikkatinizi istedikleri yöne çekebilen sihirbazlar, aslında hilelerini herkesin gözü önünde sergilerler. Ama beyninizin görsel sahnenin yalnızca ufak tefek parçalarını işleyeceğini bildiklerinden, içleri rahattır.

Bütün bunlar, sürücülerin gözleri önündeki yayaya ya da hemen önlerindeki arabaya çarptıkları trafik kazalarının sıklığını da açıklar. Bu tür vakaların çoğunda, gözler doğru yöne çevrilmiş olsa da beyin orada var olan şeyleri görememektedir.

İNCECİK BİR GERÇEKLİK DİLİMİNDE MAHSUR KALMAK

Rengin, çevremizdeki dünyanın temel bir özelliği olduğunu düşünürüz; ama dış dünyada renk diye bir şey yoktur aslında.

Elektromanyetik ışınım bir nesneye çarptığında, bir kısmı nesneden seker ve gözlerimiz tarafından yakalanır. Dalgaboyu kombinasyonlarından milyonlarcasını ayırt edebiliriz; ama bunların renge dönüştüğü tek yer, kafamızın içidir. Renk dediğimiz şey, çeşitli dalgaboyları için yaptığımız ve yalnızca içsel dünyamızda varlık bulan bir yorumdan başka bir şey değildir.

İşin daha da tuhafı şu ki, sözünü ettiğimiz dalgaboyları yalnızca "görünür ışığı", yani kırmızıdan mora kadar olan dalgaboyu tayfını kapsar. Ama görünür ışık elektromanyetik tayfın on trilyonda birinden azını, yani yalnızca küçücük bir bölümünü oluşturur. Tayfın geri kalanı; radyo dalgaları, mikrodalgalar, X-ışınları, gama ışınları, cep telefonu konuşmaları, kablosuz bağlantıları vb.ni içerir. İşte bütün bu bileşenler, şu anda bile içimizden akıp geçmekteyken, bizler hiçbir şeyin farkında değilizdir. Bunun nedeni ise, tayfın geri kalanından gelen sinyalleri alacak özelleşmiş reseptörlerimizin bulunmayışıdır. Gerçekliğin görebildiğimiz incecik dilimi, biyolojimizle sınırlanmıştır.

Her canlı, yalnızca kendi gerçeklik dilimini algılayabilir. Bir kenenin, ışık ve sese kapalı dünyasında çevresinden algılayabildiği sinyaller sıcaklık ve vücut kokusuyla sınırlıdır. Bir yarasanın dünya algısı, konum belirlemede kullandığı hava basınç dalgası yankılarıyla (ekolokasyon), bir siyah hayalet bıçak balığınınki ise elektrik alanlarındaki sapmalarla tanımlıdır. Bunlar, bu canlıların ekosistemleri içinde algılayabildikleri ince dilimlerdir. Hiçbir canlı, nesnel gerçekliğin kendisini deneyimlemez; deneyimleyebildiği tek şey, geçirdiği evrim sürecinin izin verdikleriyle sınırlıdır. Buna rağmen, büyük olasılıkla kendi gerçeklik diliminin nesnel dünyanın tümünü kapsadığı varsayımıyla yaşamaktadır. Öyle ya, algıladıklarımızın dışında da bir şeylerin var olduğunu kurgulamanın ne anlamı olabilir ki?

Öyleyse kafanızın dışındaki dünya gerçekte nasıl bir yerdir? Burada renk olmadığı gibi, ses de yoktur: Havanın sıkışması ve genleşmesi, kulaklar tarafından algılanıp elektrik sinyallerine dönüştürülür. Beyin, daha sonra bu sinyalleri bize tatlı sesler, hışırtılar, gümbürtüler, tıkırtılar, şıngırtılar vb. halinde sunar. Gerçeklik, kokusuzdur da aynı zamanda: Beyinlerimizin ötesinde koku diye bir şey yoktur bile. Havada süzülen moleküller burunlarımızdaki reseptörlere bağlanır ve beyin tarafından farklı kokular olarak yorumlanır. Gerçek dünya duyusal zenginliklerle dolu bir yer değildir; her şey, beynimizin kendi duyarlığıyla dünyayı bizim için aydınlatmasından ibarettir.

SİZİN GERÇEKLİĞİNİZ, BENİM GERÇEKLİĞİM

Kendi gerçekliğimin sizinkiyle aynı olduğunu nereden bileceğim? Bu sorunun yanıtını vermek, çoğumuz için olanaksızdır. Ama gerçeklik algısı bizimkinden ölçülebilir derecede farklı olan küçük bir grup da vardır.

Hannah Bosley'yi ele alalım. Hannah alfabedeki harflere baktığında, renklerin de devreye girdiği içsel bir deneyim yaşıyor. "J" harfi ona göre bariz biçimde morken "T" de kırmızı. Harfler Hannah'da otomatik ve istemsiz biçimde renk deneyimlerine yol açıyor; kurduğu bağlantılar ise her zaman aynı. "Hannah" ismi onun için sarıyla başlayan, sonra kırmızıya, sonra bulut rengine, derken yine kırmızı ve sarıya dönüşen bir günbatımını çağrıştırıyor. "Iain" isminin çağrıştırdığı şeyse kusmuk (gerçi o ismi taşıyanlara karşı herhangi bir olumsuz yaklaşımı yok).

Hannah'nın bu özelliğinin ne şiirsellikle ne de mecaz eğilimiyle ilgisi var. Yaşadığı bu algısal deneyimler "sinestezi" olarak bilinir. Sinestezi, duyuların (bazen de kavramların) birbiriyle harmanlanmış olduğu bir durumdur ve birçok farklı çeşidi vardır. Kimileri sözcüklerin tadını alırken kimileri sesleri renk olarak görür, kimileri de görsel hareketi işitir. Nüfusun yaklaşık %3 kadarında sinestezinin bir türü vardır.

Hannah, laboratuvarımda incelediğim 6.000'in üzerindeki sinestezik kişiden yalnızca biri; hatta kendisi laboratuvarımda iki yıl süreyle çalıştı da. Sinestezi üzerinde çalışmamın nedeni, bir başkasının gerçeklik deneyiminin benimkiyle ölçülebilir düzeyde farklı olduğunu açık biçimde gösteren az sayıdaki durumdan biri olmasıdır. Sinestezi bunun ötesinde, dünyayı algılayış biçimimizin standart olmadığını da gösterir.

Tıpkı komşu mahallelerde olduğu gibi, sinestezi de beynin duyu bölgeleri arasındaki karşılıklı konuşmaların bir sonucudur ve beyin devrelerinde ortaya çıkan mikroskobik değişimlerin bile farklı gerçekliklerle sonuçlanabileceğini gösterir.

Bu tür deneyimler yaşayan insanlarla ne zaman karşılaşsam, gerçekliğe ilişkin içsel deneyimlerin kişiden kişiye –beyinden beyne– farklı olabileceğini bir kez daha hatırlarım.

BEYNİN SÖYLEDİKLERİNE İNANINCA...

Geceleri rüya görmenin, bizi düşsel yolculuklara çıkaran tuhaf ve davetsiz düşüncelere kapılmanın nasıl bir şey olduğunu hepimiz biliriz. Bunlar kimi zaman da, katlanmak zorunda kaldığımız rahatsız edici yolculuklardır. Ama neyse ki, uyandığımızda her şeyi yerli yerine oturtabilir, rüya olanla gündelik yaşamı birbirinden ayırt edebiliriz.

Gerçekliğinizin bu iki durumunun birbiriyle daha girift bir ilişki kurduklarını ve ikisini birbirinden ayırmanın da daha güç –ya da imkânsız– olduğunu düşünün bir de. İnsanların yaklaşık %1'i için bu ayrımı yapmak gerçekten de güçtür. Bu insanların gerçeklikleri ise çok boğucu ve dehşet verici olabilir.

Elyn Saks, Southern California Üniversitesi'nin hukuk bölümünde öğretim üyesi. Akıllı ve nazik bir insan olan Elyn'in sorunu, on altı yaşından beri düzensiz aralıklarla şizofreni atakları geçiriyor olması. Beyin işlevlerindeki bir bozukluk sonucu ortaya çıkan şizofreni, onun insan sesleri duymasına, başka insanların görmediği şeyler görmesine ya da düşüncelerinin başkaları tarafından okunduğuna inanmasına neden oluyor. Ancak hem aldığı ilaçlar, hem de haftalık terapi seansları sayesinde hukuk bölümünde yirmi beş yıldan uzun süredir hocalık yapmakta.

Kendisiyle üniversitede görüştüğümde, bana geçmişteki ataklarından bahsetti: "Evler sanki benimle konuşuyor gibiydi: Sen özel birisin. Özellikle de kötü bir insansın. Pişman olmalısın. Dur. Git... Bunları sözcükler halinde değil, kafama sokulan düşünceler olarak işitiyordum; ama bunlar evlerin düşünceleriydi, benim değil." Bir keresinde beyninde patlamalar olduğuna inanmış ve bunların yalnızca kendisine değil, başkalarına da zarar vermesinden korkmuştu. Hayatının bir başka döneminde ise, beyninin kulaklarından dışarıya akıp insanları boğacağına inanmıştı.

Elyn, bu kuruntuları geride bırakmış biri olarak şimdi omuz silkip gülerken, tüm bunların nereden çıktığını da merak etmiyor değildi.

Yanıt belliydi: Beyninde baş gösteren ve sinyallerin örüntüsünü kurnazlıkla değiştiren kimyasal dengesizlikler. Örüntülerde küçücük bir değişiklik, bir insanı tuhaf ve imkânsız olan şeylerin kendini gösterdiği bir gerçeklik içine hapsedebilir. Elyn şizofreni atağı geçirmekteyken, bu tuhaflığın farkına varmamıştı bile. Neden? Çünkü, beyin kimyasının bir bütün olarak ona anlattığı hikâyeye inanmıştı.

Bir zamanlar okumuş olduğum eski bir tıbbi metinde şizofreni, rüya durumunun uyanma durumuna müdahale ettiği bir olgu olarak tanımlanmıştı. Artık pek de fazla rastlamadığım bu tanımın, hastalıkla ortaya çıkan içsel deneyimin niteliğini anlamak bakımından sezgisel bir değer taşıdığını düşünüyorum. Bir sokak köşesinde kendi kendine konuşan ya da bir sahneyi canlandırır görünen bir insana bir dahaki rastlayışınızda, uyanıklık ve uyku durumlarını birbirinden ayıramamanın nasıl bir şey olabileceğini düşünmeniz yeterli olacaktır.

Elyn'in deneyimleri, kendi gerçekliğimizi anlamada bir geçit sunuyor bizlere. Bir rüyanın ortasındayken, yaşadıklarımız gerçek gibidir. Hızlıca baktığımız bir şeyi yanlış yorumladığımızda, gördüklerimizin gerçekliğinden emin olduğumuz düşüncesinden kurtulmak; bir şeyi yanlış hatırladığımızda, hatırladıklarımızın aslında hiç gerçekleşmemiş olduğuna dair iddiaları kabul etmek zordur. Sayı vermek olanaksız olsa da, bu tür "sahte" gerçekliklerin birikmesi, inanç ve düşüncelerimizi hiçbir zaman bilinçli olarak anlayamayacağımız şekilde renklendirir.

İster düşsel bir yanılgının derinlerinde, ister çoğunluğun gerçekliğiyle uyum içinde olsun, Elyn, deneyimlediği şeylerin gerçekliğine inanmıştı. Gerçeklik, hepimiz için olduğu gibi onun için de, aslında kafatası içinde sıkı sıkıya kapatılmış bir sahnede canlandırılan bir hikâyeydi.

ZAMAN BÜKÜLMESİ

Gerçekliğin, üzerinde nadiren düşündüğümüz bir yüzü daha vardır: Beynimizin zamanla ilgili deneyimleri de sıklıkla tuhaflıklar sergiler. Bazı durumlarda, gerçekliğimiz daha yavaş ya da daha hızlı ilerler gibidir.

Sekiz yaşındayken bir evin çatısından düşmüştüm ve bu düşüş bana oldukça uzun gelmişti. Lisede ise, öğrendiğim fizikle düşüşün gerçek süresini hesapladım. Anlaşıldı ki her şey saniyenin onda sekizi içinde olup bitmişti. Bu, benim için yeni bir arayışın başlangıcı olmuştu: Düşüş, neden bana bu kadar uzun gelmişti? Bu sonuç, bana gerçekliğin algılanmasıyla ilgili neler söylüyordu?

Profesyonel *wingsuit* (kanatlı tulum) sporcusu Jeb Corliss, dağların üzerinde uçarken zamandaki bu "bozulmaları" deneyimlemişti. Her şey, daha önce de benzerini yaptığı bir uçuşla başlamıştı. Ancak bu sefer, uçuş sırasında uğrayacağı hedefler de belirlemişti kendisine: vücuduyla çarpıp geçeceği bir dizi balon. "Bir granit çıkıntısına bağlı balonlardan birine yaklaşıyordum ki, bir hesap hatası yaptım," diye anlatıyordu. Sonuç olarak, saatte 200 kilometreye yakın olduğunu tahmin ettiği bir hızla granite çarparak sekmişti.

Jeb bir profesyonel olduğundan, yaşananlar uçurum tepelerindeki belli noktalara ve vücuduna yerleştirilmiş bir dizi kamerayla çekilebilmişti. Videoda, Jeb'in granite çarptığı anda çıkan "küt" sesini işitebiliyorsunuz. Kameraların önünden rüzgâr gibi geçiyor ve az önce çarpıp geçtiği kayalık uçurumun kenarından inişe devam ediyor.

Zaman algısının değişime uğradığı anları, Jeb şöyle anlatıyor: "Beynim, iki farklı düşünce sürecini aynı anda yürütüyordu. Biri, yalnızca teknik verilerle ilgiliydi. İki seçeneğim vardı: İpi çekmeyebilirdim, o durumda devam edecek, çakılacak ve ölecektim. Ya da ipi çekip paraşütü açacak ve kurtarılmayı beklerken kan kaybından ölecektim."

Bu iki farklı düşünme süreci, Jeb için dakikalar sürmüş gibiydi: "Beyin bu kadar hızlı işlerken, başka her şeyle ilgili algılarınız sanki yavaşlıyor, her şey sanki esneyerek uzuyor. Zaman yavaşlıyor ve ağır çekimde hareket ettiğiniz izlenimine kapılıyorsunuz."

Jeb sonunda ipi çekmiş ve havada sürüklenerek yere inmişti. Bir bacağı, iki ayak bileği ve ayak parmaklarından da üç tanesi kırılmıştı. Kayaya çarpmasıyla ipi çekmesi arasında geçen süre altı saniyeydi. Ama tıpkı benim çatıdan düşmemde olduğu gibi, bu zaman aralığı onun için daha uzun sürmüş gibiydi.

Hayatın riske girdiği çeşitli olaylar (araba kazaları, saldırılar gibi) kadar, değer verilen birinin tehlikede olduğuna tanıklık edildiği bazı olaylarda da (bir çocuğun göle düşmesini görmek gibi) zamanın yavaşladığı bu öznel deneyimden söz edilmiştir. Bu ifadelerin ortak özelliği, olayların normalden daha yavaş seyrettiği hissi ve zengin ayrıntı içeriğidir.

Ben çatıdan düştüğümde ya da Jeb uçurumun çıkıntısına çarptığında beynimizin içinde neler olmuştu? Yoksa zaman, korkutucu durumlarda gerçekten yavaşlıyor muydu?

Bundan birkaç yıl önce, bu soruyu ele almak amacıyla öğrencilerimle bir deney tasarlamıştık. Deneyde, katılımcılara aşırı korku yaşatmak amacıyla onları 45 metreden aşağı bıraktık. Serbest düşüşle. Üstelik sırtları aşağı bakacak şekilde!

Katılımcıların bileklerinde, algısal kronometre adını verdiğimiz ve kendi icat ettiğimiz bir dijital gösterge vardı. Onlardan beklenen, düşerken bileklerindeki bu aygıtta görebildikleri sayıları bize bildirmeleriydi. Eğer zaman onlar için gerçekten de yavaş akmışsa, bu sayıları okuyabilmeleri gerekirdi. Ama kimse okuyamadı.

GÖRÜŞ HIZININ ÖLÇÜMÜ: ALGISAL KRONOMETRE

Korkulu durumlarda zaman algısını test etmek için, katılımcıları 45 metreden aşağı bırakmıştık. Kendim de aynı şeyi üç kez denedim ve her seferinde aynı dehşeti duyduğumu söyleyebilirim. Deneyde, ekrandaki rakamlar LED ışıklarıyla oluşturuluyor ve bunlar her an dönüşümlü olarak yanıp sönüyordu. Bu sıralı değişim yavaş seyrettiğinde katılımcılar rakamları rahatlıkla seçebilirken, hızın çok az artmasıyla bile, pozitif ve negatif görüntülerin birleşmesine bağlı olarak rakamları okumak olanaksız hale geliyordu. Katılımcıların düşme sırasında çevrelerini "ağır çekimde" görüp görmediklerini anlamak için, rakam değişim hızını, normal koşullarda görebildikleri hızın biraz üzerine çıkardık. Ekranı *–Matrix* filmindeki Neo gibi– gerçekten de ağır çekimde izleyebiliyorlarsa rakamları ayırt etmekte zorlanmayacak, aksi durumda ise rakamları algılayabildikleri hız, yerdeki hızla aynı olacaktı. Aldığımız sonuçlara gelince, benim de dahil olduğum yirmi üç gönüllüden hiç kimsenin performansı, yerdeki performansından daha iyi değildi. Başlangıçta pek umutlanmış olsak da, Neo gibi değildik sonuçta.

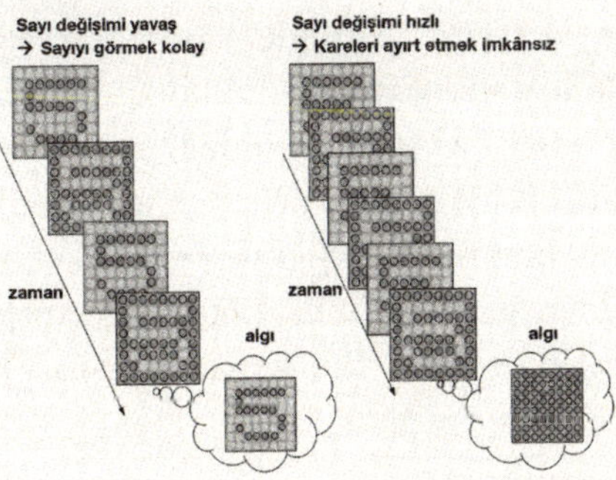

Algısal kronometre sayıları yavaş biçimde değiştirdiğinde, sayılar okunabiliyor. Değişim hızı çok az arttığında bile sayıları okumak olanaksız hale geliyor.

Öyleyse Jeb'le ben, neden başımıza gelenleri ağır çekimde gerçekleşmiş gibi hatırlıyorduk? Yanıt, tahminen anıların nasıl depolandığında yatıyor.

Tehlikeli durumlarda "amigdala" adı verilen beyin yapısı ön plana çıkarak, beynin geri kalanının kaynaklarını idare etmeye başlar ve bütün dikkatleri içinde bulunulan duruma yöneltir. Eğer devrede amigdala varsa, anılar, normal koşullarda olduğundan çok daha zengin ve ayrıntılı biçimde saklanır; artık ikincil bir bellek sistemi etkinleşmiştir. Bellek, zaten bunun için vardır: Önemli olayların kaydını tutarak, benzeri bir duruma düştüğünüzde hayatta kalmanız için beyne fazladan bilgi sağlar. Başka bir ifadeyle, işler yaşamı tehlikeye atacak kadar korkutucu hale geldiğinde, not tutmakta fayda vardır.

Bu işleyişin ilginç bir yan etkisi de vardır. Beyniniz böylesine bir anı yoğunluğuna ("kaporta parçalanıyordu", "dikiz aynası düşmüştü", "öbür arabanın sürücüsü komşum Bob'a benziyordu" gibi) alışık değildir. Bu nedenle olaylar belleğinizde yeniden canlandığında, bunların aslında daha uzun sürmüş olması gerektiği yorumunu yaparsınız. Başka türlü ifade edersek, korkutucu olayları ağır çekimde yaşamayız aslında; bu izlenim, anılarımızı yeniden "okuduğumuzda" ortaya çıkar. Kendimize "az önce ne oldu?" diye sorduğumuzda, anılarımızın ayrıntıları bize her şeyin ağır çekimde gerçekleşmiş olması gerektiğini söyler. Zaman algısındaki bozulma, geriye dönük olarak, geçmişe bakıldığında gösterir kendini. Bu, gerçekliğimizin hikâyesini yazan belleğin bir hilesidir.

Eğer hayati tehlike yaratan bir kaza geçirdiyseniz, olayları henüz gelişme halindeyken ağır çekimde izlediğiniz ve bunun bilincinde olduğunuz konusunda ısrar ediyor olabilirsiniz. Ama dikkat edin: Bu da bilinçli gerçekliğimizin hilelerinden bir başkasıdır. Yukarıda, duyularda eşzamanlılık konusunu ele alırken gördüğümüz gibi, aslında hiçbir zaman "an" içinde yaşamayız. Bazı felsefeciler de, bilinçli farkındalığın hızlı işleyen bir bellek sorgulama süreci olduğunu ileri sürerler. Buna göre beynimiz sürekli olarak "Az önce ne oldu?" sorusunu sormaktadır ve bilinçli deneyim dediğimiz şey de aslında anlık bellekten ibarettir.

Bu arada belirteyim; bu konudaki çalışmamızı yayımladıktan sonra bile, bana yaşadıkları olayın gerçekten de ağır çekimdeki bir film gibi ilerlediğini söyleyenler hâlâ çıkıyor. Ben de onlara genellikle, arabada yanlarında oturan kişinin ağır çekim filmlerde olduğu gibi, pes perdeden "haaaayıııııır!" diye bağırıp bağırmadığını soruyorum. Böyle bir şey olmadığını söylüyorlar elbette. İşte, algısal zamanın gerçekte uzayıp esnemediğini düşünmemizin bir nedeni de bu; kişinin içsel gerçekliğiyle uyuşmasa da.

BİR HİKÂYE USTASI

Beyin bize habire hikâyeler anlatır ve her birimiz de anlattığı bu hikâyelere inanırız. İster bir görsel yanılsamaya kanın, ister içine hapsolduğunuz rüyaya inanın, ister harfleri renklerle birlikte deneyimleyin, ister bir şizofreni atağı sırasında yaşadığınız sanrıyı gerçek sanın, beyin hikâyelerini size nasıl sunarsa siz de gerçekliğinizi o şekilde kabullenirsiniz.

Dış dünyayı doğrudan deneyimlemekte olduğumuzu hissetsek de, gerçekliğimiz nihai olarak elektrokimyasal sinyallerin karanlık, yabancı lisanı içinde inşa edilmektedir. Geniş nöral ağlar içinde çalkalanıp duran etkinlikler, onlar için oluşturduğumuz hikâyeye, dünyayla ilgili özel deneyimlerimize dönüşür: bu kitabı ellerimizle hissetmemiz, odadaki ışık, güllerin kokusu, insan konuşmalarının sesi... hepsi bu deneyimin parçasıdır.

Daha da tuhafı, her beynin anlattığı hikâye, büyük olasılıkla bir diğerinin anlattığından farklılıklar içerecektir. Birden fazla tanığı olan bütün olay ve durumlarda, her beyin kendi öznel deneyimini yaşar. Gezegen üzerinde yedi milyar insan beyninin (ve trilyonlarca hayvan beyninin) dolanıp durduğu hesaba katıldığında, tek bir gerçekliğin olamayacağı da açıklık kazanır. Her beynin doğrusu kendinedir.

Öyleyse nedir gerçeklik? Gerçeklik, yalnızca sizin seyredebildiğiniz ve kapatamadığınız bir televizyon programı gibidir. Ancak ne büyük bir şans ki, izlemeyi umabileceğiniz en ilginç programdır bu: kurgudan geçmiş ve kişiselleştirilmiş halde, yalnızca sizin için sunulan bir program.

3

KONTROL KİMDE?

Evrenin boyutlarının, geceleri gökyüzüne bakarak hayal edebildiğimizden çok daha büyük olduğu artık biliniyor. Benzer biçimde kafamızın içindeki evren de, bilinçli deneyimlerimizle belirlenen sınırların çok ötesine kadar uzanıyor. Bu iç uzayın inanılmaz büyüklüğü hakkında yeni yeni fikir sahibi olmaya başladık. Bir arkadaşınızın yüzünü tanımak, araba kullanmak, bir fıkrayı anlamak ya da buzdolabından ne çıkaracağınıza karar vermek, ilk bakışta fazla çaba gerektirmeyen işler gibi görünebilir; ama aslında bunları mümkün kılan tek şey, bilinçli farkındalık yüzeyinin derinlerinde gerçekleştirilen kapsamlı hesaplamalardır. Şu anda, yaşamınızın bütün anlarında olduğu gibi, beyinsel ağlarınız çeşitli etkinliklerle vızır

vızır işlemekte, hücreler boyunca koşuşturan milyarlarca elektrik sinyali, nöronlar arasındaki trilyonlarca bağlantı üzerinde kimyasal atımlar oluşturmaktadır. En basit eylemlerin altında bile nöronlarca harekete geçirilen muazzam bir işgücü yatar. Siz bütün bu etkinliklerden bihaber yaşarken, nasıl davrandığınız, önem verdiğiniz şeyler, tepkileriniz, aşklarınız ve tutkularınız, doğru ve yanlış bildikleriniz, yani bütün yaşamınız, aslında yüzeyin altında olup bitenlerle şekillenip renklenmektedir. Deneyimleriniz, bütün bu gizli ağların nihai ürünüdür yalnızca. Peki ama geminin dümeni tam olarak kimde öyleyse?

BİLİNÇ

Sabah vakti. Güneş ufkun üzerinde göz kırpmaya başlarken mahallenizdeki sokaklarda henüz çıt yok. Kentin dört bir köşesindeki yatak odalarında birer birer şaşılası bir olay yaşanmakta: İnsan bilinci yaşama uyanmak üzere. Gezegen üzerindeki en karmaşık nesne, varoluşunun farkına varmaya başlıyor.

Çok kısa bir süre önce siz de derin uykudaydınız. Beyninizdeki biyolojik malzeme o zamandan bu yana değişmedi; az da olsa değişen, etkinlik kalıpları oldu. Şu an bazı deneyimlerin keyfine varıyorsunuz. Gözlerinizin bu sayfada taradığı yamuk yumuk çizgilerden anlamlar çıkarıyorsunuz. Belki teninizde güneşi, saçlarınızda esintiyi hissediyorsunuz. Dilinizin ağzınız içinde aldığı konumu, sol ayakkabınızın ayağınıza verdiği hissi düşünebiliyorsunuz. Uyanıksınız; bu nedenle kimliğinizin, yaşamınızın, ihtiyaçlarınızın, arzularınızın ve planlarınızın farkındasınız. Gün başladığına göre, artık insanlarla ilişkileriniz ve hedefleriniz üzerinde düşünebilir, hareketlerinizi buna göre yönlendirebilirsiniz.

Peki ama, bilinçli farkındalığınız, günlük etkinliklerinizi hangi ölçüde kontrol edebiliyor?

Bu cümleleri nasıl okuduğunuzu ele alalım. Sayfayı tarayan gözlerinizin yaptığı küçük, hızlı zıplama hareketlerinin çoğunlukla farkında değilsinizdir. Gözleriniz sayfa boyunca dümdüz bir çizgi boyunca ilerlemez; onun yerine sabit bir noktadan diğerine atlarlar. Gözler bu zıplama hareketinin ortasındayken, okumanıza izin vermeyecek bir hızla hareket etmektedirler. Metni algılamaları, ancak belli bir konumda durmalarıyla mümkündür; ki, bu da yaklaşık yirmi milisaniye sürer. Bu hoplayıp zıplamaların, durup kalkmaların farkında olmayışınız, beyninizin dış dünyayla ilgili algınızı dengelemek için sarf ettiği büyük çaba sayesindedir.

Okuma eyleminin ilginçliği bununla kalmaz. Bir de şöyle düşünün: Sözcükleri okurken, anlamları, bu semboller dizisinden doğruca beyninize akmaktadır. Sürecin karmaşıklığı hakkında bir fikir edinmek istiyorsanız, bu bilgileri bir de başka bir dilde okumaya çalışın, yeter:

আপনার মস্তিষ্কের মধ্যে সরাসরি চিহ্ন এই ক্রম থেকে প্রবাহ অর্থ
эта азначае , патокі з сімвалаў непасрэдна ў ваш мозг
당신의 두뇌 에 직접 심볼 의 흐름을 의미

Eğer Bengalce, Belarusça ya da Korece bilmiyorsanız, bu harfler sizin için tuhaf karalamalardan farksızdır. Ama böyle bir metni okumada bir kez ustalaştığınızda, bu eylemin çaba gerektirmediği izlenimine kapılırsınız: Birtakım işaretlerin şifresini çözmek gibi zahmetli bir işe kalkıştığınızın farkında bile değilsinizdir artık; çünkü beyniniz, sahne arkasındaki işleri sizin adınıza üstlenmiştir.

Öyleyse kontrol kimde? Kendi geminizin kaptanı yine siz misiniz, yoksa karar ve eylemleriniz gözden uzak işleyen devasa nöral düzeneklere mi atfedilmeli? Gündelik yaşantınızın kalitesi, doğru karar verme yetinize mi bağlı, yoksa yoğun nöron ormanları arasında gidip gelen sayısız kimyasal iletinin kesintisiz vızıltısına mı?

Bu bölümde, bilinçli durumunuzun, beynin etkinliklerinin yalnızca çok az bir bölümüne bağlı olduğunu göreceğiz. Çünkü eylemleriniz, inançlarınız ve eğilimleriniz, beyninizin bilinçli erişime tümüyle kapalı ağları tarafından yönlendirilir.

BİLİNÇDIŞI BEYİN İŞBAŞINDA

Bir kafede birlikte oturduğumuzu düşünelim. Sohbet ederken, kahvemden bir yudum almak için fincanı yukarı kaldırdığımı fark ediyorsunuz. Bu eylem öylesine sıradan ki, kahvenin bir kısmını yanlışlıkla gömleğimin üzerine dökmediğim sürece, üzerinde konuşmaya bile değmez. Ama hakkını vermek lazım: Fincanı ağıza götürmek aslında hiç de öyle az buz iş değil. Robotik alanında, bu tür bir işin aksamadan yürütülebilmesi için hâlâ büyük çaba sarf ediliyor. Neden mi? Çünkü bu basit eylemin arkasında, eşgüdümleri beynim tarafından titizlikle sağlanan trilyonlarca elektrik atımı var.

Görme sistemim, önümde duran fincanın yerini tam olarak belirleyebilmek için, önce etrafı şöyle bir kolaçan ediyor; yıllara dayanan deneyimlerim ise, başka

BEYİN DENEN ORMAN

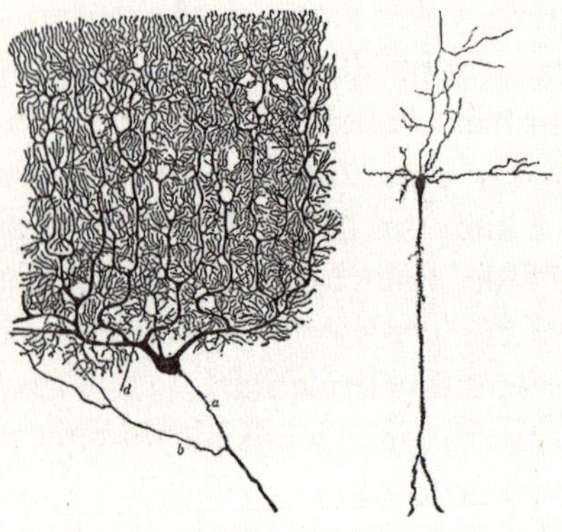

İspanyol bilimci Santiago Ramón y Cajal, fotoğraf konusundaki deneyiminden de yararlanarak, 1887'de beyin dokusu kesitlerine kimyasal boya uygulamaya başladı. Bu teknik, beyindeki hücrelerin, sergiledikleri ihtişamlı dallanmalarla birlikte tek tek görünmelerine olanak tanıyor, beynin eşi benzeri olmayan karmaşıklıkta bir sistem olduğu, böylece yavaş yavaş ortaya çıkıyordu.

Mikroskopların seri üretimi ve yeni hücre boyama yöntemlerinin geliştirilmesiyle birlikte, bilim insanları genel hatlarıyla da olsa beynin içerdiği nöronları betimleyebilmeye başladılar. İlginç bir biçim ve boyut çeşitliliği gösteren bu harikulade yapılar, kurdukları bağlantılarla öylesine sık bir orman oluşturmuşlardır ki, bu yumağı çözmek bilimcilerin daha onlarca yılını alacak gibi görünmektedir.

ortamlarda içmiş olduğum kahvelerle ilgili olarak belleğimi yeniden harekete geçiriyor. Ardından frontal korteks (alın korteksi), sinyalleri motor kortekse gönderiyor. Burası, fincanı kavrayabilmem için gövdem, kolum, önkolum ve elim boyunca devreye girecek kasların kasılmasını çok ayrıntılı biçimde koordine eden bölge. Fincana dokunduğumda, fincanın ağırlığı, uzaydaki konumu, sıcaklığı, kulpunun kayganlığı vb. hakkında tonlarca bilgi, sinirler aracılığıyla beyne iletiliyor. Bu bilgi omurilikten beyne doğru aktıkça, tamamlayıcı bilgiler de yeniden aşağı taşınıyor ve böylece çift yönlü bir yolda hızla akan trafiğe benzer bir düzenek işler hale geliyor. Aşağı taşınan bilginin ortaya çıkışı, "bazal gangliyonlar", "beyincik", "genel duyu korteksi" gibi isimler alan birçok beyin bölgesi arasındaki karmaşık dansın bir sonucu. Fincanı kaldırırken kullandığım kuvvet ve fincanı kavrayış kuvvetim üzerinde yapılan ayarlamalar için geçen süre, saniyenin kesirleri ölçeğinde. Yoğun hesaplamalar ve geribildirimler sonucunda, uzun bir kavis çizerek fincanı sarsmadan ve açısını bozmadan yukarı doğru kaldırabilmek için, kaslarımda ayarlamalar yapıyorum. Bu mikro-ölçekli ayarlamalar bütün yol boyunca devam ediyor. Dudaklarıma iyice yaklaşan fincana, şimdi biraz eğim verebilirim; kendimi haşlamadan içinden bir miktar sıvı çekebileceğim kadar.

Böyle bir işin üstesinden gelecek bilgisayımsal gücü sağlamak, dünyanın en hızlı bilgisayarlarından düzinelercesini gerektirir. Oysa ben, beynimin içindeki bu elektrik fırtınasını algılamıyorum bile. Nöral ağlarım etkinlikle çığlık çığlığa bağırırken, bilinçli farkındalığım bana bambaşka bir deneyim sunuyor. Her şeyden tümüyle bihaber gibiyim. Bilinçli ben, kendini tümüyle sohbete kaptırmış durumda. Hem de öyle kaptırmış ki, bir yandan fincanı kaldırıp bir yandan da karmaşık bir konu üzerindeki fikirlerimi sunarken, ağzım aracılığıyla hava akışını bile biçimlendiriyor olabilirim.

Bildiğim tek şey, kahveyi ağzıma götürmeyi başarıp başaramadığım. Her şey pürüzsüz ilerlediği sürece, böyle bir eylemde bulunmuş olduğumun bile farkına varamayabilirim.

Beynin bilinçdışı çalışan düzeneği her an işbaşındadır; ama öylesine pürüzsüz bir işleyiş sergiler ki, gerçekleştirdiği işlemlerin genellikle farkına varmayız bile. Sonuçta bu düzeneğin değeri de en çok çalışmadığı zamanlarda takdir edilir. Kanıksamış olduğumuz basit eylemleri, örneğin bize dolambaçsız gibi görünen yürüme hareketini bilinçli olarak düşünmek zorunda kalsaydık nasıl olurdu sizce? Bu sorunun yanıtını almak için Ian Waterman adındaki bir şahısla görüşmeye gittim.

Ian, on dokuz yaşındayken geçirdiği şiddetli bir mide-bağırsak iltihaplanmasının sonucu olarak, ender görülen bir sinirsel hastalığa yakalanmıştı. Dokunma ve bunun yanında kol ve bacakların konumuyla (bu tür konumsal duyular "derin duyu" ya da "propriyosepsiyon" olarak adlandırılır) ilgili olarak beyne bilgi gönderen duyu sinirleri artık işlevsizdi. Ian, bu nedenle hiçbir vücut hareketini otomatik olarak idare edememekteydi. Kaslarında herhangi bir sorun olmadığı halde, doktorlar ona kalan ömrü boyunca tekerlekli sandalyeye mahkûm olduğunu söylemişlerdi. Vücudunun

DERİN DUYU

Gözleriniz kapalıyken bile, kol ve bacaklarınızın nerede olduğunu bilirsiniz: Sol kolunuz yukarıda mı aşağıda mı? Bacaklarınız düz mü kıvrık mı? Sırtınız dik mi kambur mu oturuyorsunuz? Kaslarınızın durumunu bilmenizi sağlayan duyu, "derin duyu" ya da "propriyosepsiyon" olarak bilinir. Kas, kiriş (tendon) ve eklemlerdeki reseptörler, eklem açıları kadar, kasların gerginlik ve uzunlukları hakkında da bilgi toplarlar. Bu bilgiler bir bütün olarak, beyne vücudun konumuyla ilgili ayrıntılı bir tablo sunar ve hızlı ayarlamalar yapılmasını mümkün kılar.

Bacaklarınızdan biri uyuştuktan sonra yürümeye kalkıştıysanız, derin duyu algınızın geçici olarak aksadığına kendiniz de tanık olmuşsunuz demektir. Bu tür deneyimlerde duyu sinirlerinin maruz kaldığı basınç, ilgili duyuların gönderilip alınmasını engeller. Kendi kol ya da bacağınızın konumunu hissedemediğinizde, yiyecek doğramak, klavyeyle yazmak ya da yürümek gibi basit eylemler bile neredeyse olanaksız hale gelir.

konumunu bilmeyen bir insan, yaşamını normal biçimde sürdüremez. Üzerinde nadiren düşünüp değerini nadiren fark etsek de, günün her anında yaptığımız karmaşık hareketler, hem çevreden hem de kaslarımızdan gelen geribildirimler sayesindedir.

Ian, bu durumun kendisini hareketsiz bir yaşama mahkûm etmesine izin vermeyecekti. Ve harekete geçti gerçekten de. Ancak uyanık olduğu bütün saatler boyunca, vücudunun her bir hareketini bilinçli olarak düşünmesi gerekiyor artık. Kol-bacak konumuyla ilgili herhangi bir duyuya sahip olmadığından, vücudunu odaklı ve bilinçli bir kararlılıkla hareket ettirmek zorunda. Kol ve bacaklarının konumunu izlemek için görme sisteminden yararlanıyor. Yürürken, bacaklarını olabildiğince iyi bir biçimde görebilmek için başını öne eğiyor. Dengesini korumak için ise, duyu eksikliğini kollarını arkaya uzatarak telafi etmeye çalışıyor. Ian ayaklarıyla yeri hissedemediğinden, attığı adımların tam uzunluğunu önceden kestirmesi, ayağını yere basarken de bacağını kırmaması gerekiyor. Attığı her adım, bilinçli bir zihinle hesaplanıyor ve düzenleniyor.

Otomatik yürüme yetisini kaybetmiş olan Ian, yürüyüş yaparken çoğumuzun kanıksayarak görmezden geldiği mucizevi eşgüdüm becerisinin son derece farkında. Ona sorarsanız, çevresindeki herkes öylesine seri biçimde, öylesine kayar gibi yürüyor ki, bu süreci onlar için yönlendiren inanılmaz sistemin farkında bile değiller.

Bir anlık bir dalgınlık, kafasında beliriveren tek bir alakasız düşünce, Ian'ın düşmesi için yeterli. Dikkat dağıtıcı bütün unsurlar bir kenara atılmalı ki, en küçük ayrıntıya bile yoğunlaşabilsin: yerin eğimine, bacağının savruluşuna.

Ian ile yalnızca bir iki dakika vakit geçirmeniz, üzerinde düşünmeye bile değer bulmadığımız günlük eylemlerin (yataktan kalkmak, kapıyı açmak, biriyle el sıkışmak için kolunuzu uzatmak) inanılmaz karmaşıklığına ışık tutmaya yetecektir. Verdikleri ilk izlenimin aksine, bu tür hareketler aslında hiç de basit değildir. Bu nedenle yürüyen, koşan, kaykay yapan ya da bisiklete binen birini bir sonraki görüşünüzde, bir anlığına durun ve yalnızca insan vücudunun müthiş yapısını değil, bu yapıyı kusursuz biçimde idare edip düzenleyen bilinçdışı beynin gücünü de getirin aklınıza. En temel hareketlerimizde bile devreye giren çetrefilli ayrıntılar, göremeyeceğimiz kadar küçük ölçekte ve kavrayışımızın çok ötesindeki bir karmaşıklık düzeyinde vızıldayıp duran trilyonlarca hesaplamayla hayat bulur. Yaptığımız robotlar henüz insan performansının kıyısına bile varamamıştır. Bir süper-bilgisayarın gerektirdiği muazzam enerji tüketimine karşılık, insan beyni inanılmaz bir enerji verimliliğiyle çalışır. Kullandığı enerji, 60 vatlık bir ampulün kullandığı enerjiden fazla değildir.

BECERİLERİ BEYİN DEVRELERİNE KAZIMAK

Nörobilimciler, beyin işlevleriyle ilgili ipuçlarına ulaşmak için genellikle belirli bir alanda uzmanlaşmış insanları inceleme yoluna giderler. Ben de, sıra dışı bir yeteneğe sahip on yaşındaki bir çocuk olan Austin Naber'la görüşmeye aynı nedenle gittim. Austin, kap dizme olarak bilinen bir sporda çocuklar dünya rekorunu elinde tutuyor.

Austin, gözle takip etmesi olanaksız hızlı ve seri hareketlerle, bir kap sütununu üç farklı piramitten oluşmuş bir simetri gösterisine dönüştürüyor. Piramitler, daha sonra yine müthiş bir el çabukluğuyla iç içe

BEYİN DALGALARI

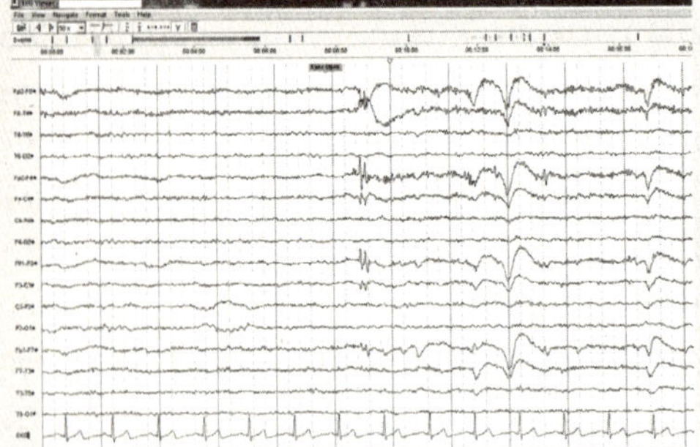

EEG kısaltmasıyla bilinen elektroensefalogram, nöron faaliyetleri sonucunda ortaya çıkan genel elektriksel etkinliğe kulak misafiri olmak için kullanılan bir yöntemdir. Bu yöntem, başın yüzeyine yerleştirilen elektrotların, "beyin dalgalarını" algılamasına dayanır. "Beyin dalgaları" terimi ise, incelikli nöral etkinliklerle üretilen elektrik sinyallerinin ortalamaya dökülmüş durumunu ifade eden, genel bir kavramdır.

Alman fizyolog ve psikiyatrist Hans Berger, insana ait ilk EEG kaydını 1924'te almış, 1930'lar ve 1940'ların araştırmacıları ise birbirinden farklı birkaç beyin dalgası tipi belirlemişlerdir: Delta dalgaları (4 Hz'lik frekansın altında) uyku sırasında ortaya çıkar; Teta dalgaları (4-7 Hz) uyku, derin dinlenme ve görselleştirmeyle ilgilidir; Alfa dalgaları (8-13 Hz) rahat ve sakinken beliren dalgalardır; Beta dalgaları (13-38 Hz) da etkin biçimde düşünürken ve problem çözerken görülür. O zamandan bu yana, önemli başka beyin dalgası aralıkları da ortaya çıkmıştır. Bunlardan Gama dalgaları (39-100 Hz) akıl yürütme ve planlama gibi yoğunlaşmış zihinsel etkinliklerle ilgilidir.

Genel beyin etkinliğimiz, bütün bu farklı frekansların bir karışımıyla temsil edilir; ancak yapmakta olduğumuz şeye bağlı olarak, bunlardan bir kısmı diğerlerinden daha fazla sergilenecektir.

geçmiş kaplardan oluşan iki kısa sütuna, derken tek bir uzun piramide, ve sonra yeniden başlangıçtaki kap sütununa dönüşüyor.

Bütün bu işlemlerin aldığı süre, beş saniye. Aynı şeyi kendim de denediğimde, ulaşabildiğim en kısa süre, kırk üç saniye olmuştu.

Austin'i işbaşındayken seyrettiğinizde, bu karmaşık hareketleri böylesine hızlı biçimde koordine edip gerçekleştirebilmesi için beyninin aşırı çalışıp muazzam bir enerji harcadığı izlenimine kapılabilirsiniz. Bu izlenimi sınamak için, giriştiğimiz bir kap dizme yarışında Austin'in beyin etkinliklerini (ve tabii benimkileri de) ölçmeye karar verdim. Araştırmacı Dr. José Luis Contreras-Vidal'ın da yardımıyla taktığımız elektrot başlıkları, kafatasının derinliklerinde yer alan nöron popülasyonlarının etkinliklerini ölçmeye yarayacaktı. Elektroensefalogram (EEG) ile ölçülen beyin dalgaları her ikimiz için de okunacak ve böylece etkinlik sırasında beyinlerimizin harcadığı çaba karşılaştırılabilecekti. Bu donanım sayesinde Austin ve ben derme çatma da olsa, artık kafamızın içindeki dünyaya açılan bir pencereye sahiptik.

Austin bana hareketler dizisini adım adım gösterdi. On yaşında bir çocuk tarafından fazlasıyla acı bir yenilgiye uğratılmamak için, yarış resmen başlamadan önce yirmi dakika kadar arka arkaya birçok deneme yaptım.

Sonunda, bütün bu çabalarımın yararsız olduğu ortaya çıkacaktı. Austin beni yendi. Kapları büyük bir zafer edasıyla nihai konumlarına getirdiğinde, adımların sekizde birini bile tamamlamamıştım.

Bu, beklenmedik bir yenilgi değildi elbette. Ama EEG ölçümleri ne diyordu bu sonuç hakkında? Benden sekiz kat hızlı sonuç aldığına göre, Austin'in benden sekiz kat fazla enerji harcamış olması, akla yakın bir varsayım. Ama bu varsayım, beynin yeni bir beceriyi nasıl edindiğiyle ilgili temel bir kuralı göz ardı eder. Sonuçta EEG ölçümleri gösterdi ki, fazla çalışan ve bu karmaşık yeni görevi yürütmek için muazzam miktarda enerji harcayan beyin Austin'inki değil, benimkiydi. Bana ait olan EEG, kapsamlı problem çözmeyle ilişkili Beta dalgası frekans bandında yüksek etkinlik gösteriyordu. Austin'de belirlenen yüksek etkinlik ise, dinlenme halindeki beyni temsil eden Alfa dalgası bandındaydı. Hareketlerindeki hız ve karmaşıklığa rağmen, Austin'in beyni oldukça sakin ve dingindi.

Austin'in bu işte sergilediği yetenek ve hız, beynindeki fiziksel değişimlerin bir sonucuydu. Alıştırmalar yaptığı yıllar boyunca, belirli fiziksel bağlantı kalıpları ortaya çıkmış, kap dizme becerisi nöronların yapısına kazınmıştı. Austin, bunun sonucunda bugün kap dizmek için çok daha az enerji harcıyor. Benim beynim ise aksine, soruna bilinçli bir kafa yorma süreciyle eğiliyor. Ben genel-amaçlı bilişsel yazılımlardan yararlanırken, Austin de becerisini bilişsel donanıma aktarmış durumda.

Üzerinde alıştırmalar yaptığımız yeni beceriler, sonunda fiziksel olarak beyin devrelerine kazınır ve bilinç düzeyinin derinlerine yerleşirler. Kimileri bu özelliği "kas belleği" olarak adlandırma eğilimindeyse de, beceriler kaslarda depolanmaz. Onun yerine, sözgelimi kap dizme işine benzer türden "alışkanlıklar"ın düzenlenip yürütülme işi, Austin'in beyninde olduğu gibi, bağlantılardan oluşmuş o sık ormanın bünyesinde gerçekleşir.

Austin'in beynindeki ağların ayrıntılı yapısı, yıllar boyu yaptığı kap dizme alıştırmaları sonunda değişmişti. İşlemsel (prosedürel) bellek, bisiklete binmek ya da ayakkabı bağcığı bağlamak gibi otomatik eylemlerde devreye giren uzun-dönemli bir bellek tipidir. Austin de kap dizme işini, beyninin mikroskobik donanımına işlenen işlemsel bellekle gerçekleştiriyor ve böylece hareketleri hem hızlı hem de enerji bakımından verimli oluyordu. Alıştırmalarla tekrarlanan sinyaller nöral ağlar boyunca ilerleyerek sinapsları güçlendirmiş ve bu beceriyi devrelere "kazımıştı". Hatta beyni öyle ustalaşmıştı ki, Austin kap dizme rutinini gözleri bağlıyken de hatasız biçimde yürütebiliyordu.

Bana gelince, kapları üst üste dizmeyi öğrendikçe beynim prefrontal korteks (ön-alın korteksi), parietal (yan) korteks ve beyincik gibi görece ağır işleyen, enerjiye aç bölgeleri devreye sokuyordu. Aynı işlemi gerçekleştirmek için Austin'in artık bu bölgelere ihtiyacı kalmamıştı. Yeni bir motor beceri öğrenmeye başladığınızın ilk günlerinde beyincik özellikle önemli bir rol üstlenerek, kesinlik ve kusursuz zamanlama için gerekli hareket akışının eşgüdümünü sağlar.

Beceri devrelere kazındıkça, bilinçli denetim düzeyinin derinlerine inmeye de başlar. Bu noktada, o işi otomatik biçimde ve üzerinde düşünmeden (yani bilinçli farkındalık olmaksızın) yerine getirebiliriz. Bazı durumlarda, bir beceri devrelerle artık o kadar bütünleşik hale gelmiştir ki, altında yatan devreler sistemi beynin de altında, omurilikte yer alır. Bu durum, beyinlerinin önemli bölümü alındığı halde koşu çarkında normal biçimde yürüyebilen kedilerde gözlenmiştir: Yürümeyle ilgili karmaşık programlar, sinir sisteminin daha alt düzeylerinde saklanmaktadır.

OTOMATİK PİLOTA BAĞLANMAK

Beynimiz bütün yaşamımız boyunca kendini yeniden yazarak, alıştırmasını yaptığımız uygulamalar (yürümek, sörf yapmak, havada top çevirmek, yüzmek, araba kullanmak gibi) için adanmış devreler kurmaya çalışır. Bu programları yapısına yedirme becerisi, beynin en güçlü numaralarından biridir. Karmaşık hareket sorununu çözmede kullandığı yöntem, bu harekete adanmış devreleri donanımla bütünleştirerek enerji kullanımını asgariye indirmektir. Beynin devrelerine bir kez kazınan bu beceriler, artık siz onlar üzerinde düşünmeden –yani bilinçli bir çaba göstermeden– uygulamaya geçebilir; bu da kaynakları serbest bırakarak bilincin başka işlerle ilgilenip onları içselleştirmesine olanak tanır.

Bu otomatikleştirme sürecinin bir sonucu da, yeni becerilerin bilincin erişimi dışında kalmalarıdır. Kapalı kapılar ardında işleyen karmaşık programlara artık ulaşamadığınızdan, yaptığınız işi nasıl yaptığınız hakkında kesin bilgiye sahip değilsinizdir. Bir yandan konuşup bir yandan da merdivenleri çıktığınızda, vücudunuzun dengesini korumak için yapılan düzinelerce mikro-ölçekli düzenlemeyi nasıl hesapladığınız; ya da konuştuğunuz dilin seslerini doğru biçimde çıkarmak için dilinizin oradan oraya nasıl döndüğü konusunda herhangi bir fikriniz yoktur. Bunlar, bir zamanlar yapamadığınız zor hareketlerdir. Ama hareketlerinizin zamanla otomatik ve bilinçsiz hale gelmesi, sizin de bir süre sonra işleri otomatik pilotla yürütme becerisi kazanmanızı sağlar. Her zaman gittiğimiz yolda araba kullanıp eve vardığımızda, yolculukla ilgili pek de bir şey hatırlamadığımızı birden fark etmek, çoğumuzun başına gelmiş bir durumdur. Çünkü, araba kullanmanın gerektirdiği beceriler artık öyle otomatik hale gelmiştir ki, devreye giren hareketler dizisini bilinciniz dışında da yürütebilmektesinizdir. Bilinçli "siz", yani sabah kalktığınızda yaşama uyanan parçanız, artık sürücü değil, en iyi ihtimalle yanınıza aldığınız bir yolcudur.

Otomatikleşmiş becerilerin ilginç bir özelliği daha vardır: Onlara bilinçli olarak müdahale etmeye kalkıştığınızda, performans genellikle düşer. Öğrenilmiş becerileri –çok karmaşık olanlarını bile– kendi haline bırakmak en iyisidir.

Kaya tırmanışçısı Dean Potter'ı ele alalım: Hayatını kaybettiği son kazaya kadar, tırmanırken ne ip ne de herhangi bir güvenlik donanımından yararlanmıştı. On iki yaşından itibaren hayatını tırmanmaya adamıştı Dean. Kesinlik ve beceri, yıllar süren çalışmalarla beynine işlenmişti. Hedeflediği yeterliğe ulaşmak için, bu aşırı antrenmanlı devrelere güveniyor ve bilinçli düşüncenin engellerine takılmalarına izin vermeksizin, işi

SİNAPSLAR VE ÖĞRENME

Nöronlar arasındaki bağlantılara "sinaps" adı verilir. Bu bağlantı bölgelerinde "nörotransmiter" ya da "sinirsel iletici" olarak bilinen kimyasallar, sinyalleri bir nörondan diğerine iletirler. Ancak, sinaptik bağlantıların tümü aynı güçte değildir; etkinlik geçmişlerine bağlı olarak güçlenebilir ya da zayıflayabilirler. Sinapsların gücü değiştikçe, bilgiler ağ içinde farklı biçimlerde akar. Yeterli ölçüde zayıflayan bir bağlantı sonunda yitip gidecektir; ama eğer güçlenirse de, ondan yeni bağlantılar filizlenecektir. Bu yeniden yapılanma süreçlerinin bir kısmı, ödül sistemlerince yönlendirilir. Bunlar, işler iyi gittiğinde dopamin adlı sinirsel ileticiyi ağ boyunca yayarlar. Austin'in beynindeki ağlar da, yüzlerce saat süren alıştırma süreci içinde girişilen her hareketin başarı ya da başarısızlığına bağlı olarak –çok yavaş ve çok incelikli bir biçimde– yeniden biçimlenmiştir.

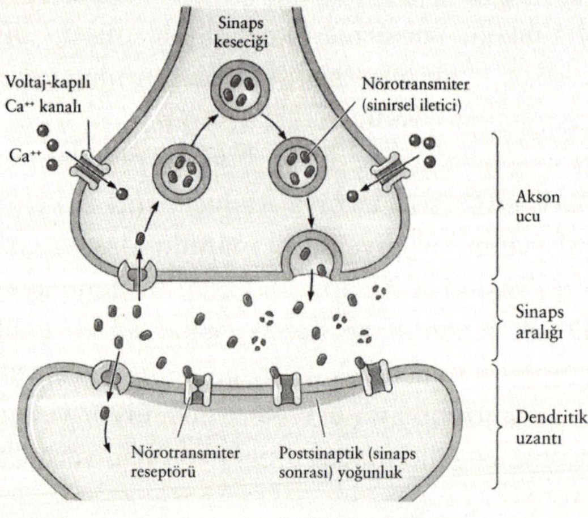

onlara bırakıyordu. Bütün kontrolü bilinçdışına devretmişti. Tırmandığı sırada, beyni genellikle "akış" olarak adlandırılan ve ekstrem sporlarla uğraşan çoğu sporcunun, becerilerinin üst sınırlarında dolaşmanın zevkine vardıkları bir evreye giriyordu. Ve birçok sporcu gibi Dean de, yaşamını tehlikeye atarak ulaşıyordu bu akış durumuna. Beyni bu evrede çalışırken, iç sesinin müdahalesiyle karşılaşmıyor, Dean de kendisini tümüyle, yıllar sürmüş antrenmanların beynine kazıdığı tırmanma becerisine bırakıyordu.

Kap dizme şampiyonu Austin Naber'da olduğu gibi, akış durumundaki bir sporcunun beyin dalgaları da, bilinçli müdahalenin gürültüsüyle bozulmaya uğramaz. (Nasıl görünüyorum acaba? Şöyle şöyle mi deseydim? Kapıyı arkamdan kilitledim mi?) Beyin, akış sırasında "hipofrontalite" adı verilen ve prefrontal korteksin bazı alanlarındaki etkinliğin geçici olarak düştüğü bir duruma girer. Bunlar soyut düşünme, plan yapma ve kişinin kendi benlik duyusuna yoğunlaşmasında devreye giren alanlardır. Arka planda çalışan bu işlemlerin sönümlendirilmesi, bir insanın dik bir kayalıktan aşağı sarkmasını mümkün kılan ana etkendir. Dean'in başarmış olduğu işleri yapmak ise, yalnızca iç seslerin gürültüsünün bastırılmasıyla mümkündür.

Bilincin bir kenara çekilmesinin avantajlı olduğu birçok durum vardır. Özellikle bazı türden eylemler söz konusu olduğunda başka çare de yoktur zaten; çünkü bilinçdışı beyin, bilinçli zihnin yetişemeyeceği hızlarda çalışabilir. Beyzbol oyununu düşünün. Top, düz atış yapıldığında, atıcının bulunduğu bölgeden sayı kalesine saatte yüz altmış kilometre hızla ilerleyebilir. Topa vurabilmek için beynin yalnızca saniyenin onda dördü içinde tepki vermesi gerekir. Beyin bu süre içinde bir dizi incelikli hareketi düzenleyip işlemlemek zorundadır. Vurucular çoğunlukla topa vurmayı başarsalar da, bunu bilinçli olarak yapmazlar; çünkü top, konumunun farkına bilinçli olarak varamayacakları kadar hızlı hareket etmektedir. Topun konumunu bilinçli olarak düşünmeye kalktıklarında, ne olduğunu anlamadan vuruşu kaçıracaklardır. Bilinç, bu durumda kenarda beklemekle kalmaz, toza dumana karışıp gider.

BİLİNÇDIŞININ DERİN MAĞARALARI

Bilinçdışı zihin, vücudumuzun kontrol alanının erimi dışına uzanır ve yaşamımızı çok derinden etkiler. Biriyle bir daha sohbete tutuştuğunuzda, sözcüklerin ağzınızdan dökülme hızına dikkat edin. Bilincinizin bu hıza yetişip ağzınızdan çıkan her sözcüğü tek tek denetlemesi olanaksızdır. Ama beyniniz yine sahne arkasında çalışarak konuşmakta olduğunuz dili, fiil çekimlerini ve karmaşık düşünceleri sizin adınıza biçimlendirip üretmektedir. (Bu durumu daha iyi anlamak için, yeni öğrenmekte olduğunuz bir yabancı dili konuşmaya çalışırken sergilediğiniz hızı bir düşünün!)

Aynı perde arkası işleyiş, fikirler için de geçerlidir. Bütün fikirlerimizi bilinçli olarak kendimize mal ederiz; ortaya çıkışlarında işin zor kısmını kendimiz yapmışız gibi. Ama gerçekte bilinçdışı beynimiz, biz fikrin farkına bilinçli olarak varıp "aklıma bir fikir geldi" beyanında bulunmadan saatler, hatta aylar öncesinden çalışmaya başlamış, anılarımızı pekiştirmek, yeni bileşimler bulmak, sonuçları değerlendirmek için didinip durmuştur.

Bilinçdışının gizli derinliklerini aydınlatmaya başlayan ilk kişi, yirminci yüzyılın en etkili bilimcilerinden biriydi. Sigmund Freud 1873'te Viyana'da tıp okumaya başlamış, daha sonra nöroloji alanında uzmanlaşmıştı. Psikolojik bozuklukların tedavisi için açtığı özel klinikte, hastalarının, çoğunlukla davranışlarının altında yatan etken hakkında herhangi bir fikir sahibi olmadıklarını fark eden Freud, bu davranışların göze görünmeyen zihinsel süreçlerin birer ürünü olabileceğini öngördü. Bu basit fikir, psikiyatriyi dönüşüme uğratarak insan güdü ve duygularıyla ilgili yeni bir anlayış getirdi.

Freud'dan önce, normalden sapan zihinsel süreçler ya anlaşılamadan kalır ya da şeytan çarpması, zayıf irade gibi durumlarla açıklanırdı. Freud ise, nedeni beynin fiziksel yapısında aramakta ısrarlıydı.

Hastalarını, kendisini doğrudan görmek zorunda kalmamaları için kliniğindeki bir kanepeye yatırır, sonra da konuşmalarını sağlardı Freud. Beyin tarama tekniklerinin henüz bulunmadığı bu dönemde, bilinçdışı beynin dünyasına göz atmanın en iyi yolu buydu. Freud'un yöntemi; davranış kalıpları, rüya içerikleri, dil ve kalem sürçmelerinden yola çıkarak bilgi toplamaktı. İncelemelerini bir dedektif hassaslığıyla yapıyor, hastanın doğrudan erişemediği bilinçdışı nöral düzenek hakkında ipuçları toplamaya çalışıyordu.

Freud bilinçli zihnin, bir zihinsel süreçler buzdağının yalnızca görünen kısmı olduğu sonucuna vardı. Düşünce ve davranışlarımızı yönlendiren bütünün büyük bölümü ise gözlerden uzaktı.

Freud'un bu düşüncesinin doğru olduğunu artık biliyoruz. Bunun sonuçlarından biri de, kendi seçimlerimizin altında yatan nedenlerin çoğunlukla farkında olmayışımızdır. Beynimiz çevreden sürekli olarak bilgi toplar ve bu bilgiyi de davranışlarımızı yönlendirmede kullanır; ancak çevremizdeki etkenlerin farkında değilizdir çoğu zaman. "Hazırlama" (priming) adı verilen ve bir şeyin, başka bir şeyle ilgili algıyı etkileyebildiği durumu ele alalım. Örnek verecek olursak, elinizde sıcak bir içecek olduğunda, bir aile bireyiyle olan ilişkinizi anlatırken daha olumlu; soğuk bir içecek olduğunda da belki biraz daha olumsuz bir tavır takınabilirsiniz. Bunun nedeni nedir? Nedeni, ilişkilerdeki sıcaklığı değerlendirmede devreye giren mekanizmaların, fiziksel sıcaklığı değerlendirmede devreye giren mekanizmalarla çakışması ve buna bağlı olarak birinin diğerini etkileyebilmesidir. Sonuçta, annenizle olan ilişkiniz gibi temel bir konu üzerindeki görüşleriniz, çayınızı sıcak mı yoksa buzlu mu içtiğinize bağlı olarak yön değiştirebilir. Benzer biçimde, kötü kokulu bir ortamdayken, daha katı ahlaki yargılarda bulunur; sözgelimi, bir başka kişinin sıradan olmayan davranışlarını ahlak dışı olarak değerlendirebilirsiniz. Bir çalışmada, insanların sert bir sandalyede otururken daha sıkı pazarlık edebildikleri, yumuşak bir sandalyede ise teslim olmaya daha yatkın oldukları gösterilmiştir.

Bir başka örnek olarak, bize kendimizi hatırlatan şeyleri çekici bulmamızı açıklayan "örtülü benlikçilik" (implicit egotism) olgusunun bilinçdışı etkisini ele alalım. Sosyal psikoloji uzmanı Brett Pelham ve ekibi diş hekimliği ve hukuk mezunlarının kayıtlarını incelediklerinde ilginç bir sonuçla karşılaşmışlardı: Dennis ya da Denise isimli diş hekimleri [İng. "dentist"], ve Laura ya da Laurence isimli avukatlar [İng. "lawyer"] istatistiksel olarak daha büyük oranda temsil edilmekteydiler. Bunun da ötesinde, çatı kaplama [İng. "roofing"] şirketi sahiplerinin isimlerinin R, hırdavat [İng. "hardware"] dükkânı sahiplerinin isimlerinin de H ile başlaması daha olasıydı. Ama bu tür kararları verdiğimiz tek alan meslek seçimi midir? Öyle anlaşılıyor ki, aşk hayatlarımız da bu tür benzerliklerin epeyce etkisi altındadır. Psikolog John Jones ve meslektaşları ABD'nin Georgia ve Florida eyaletlerindeki evlilik kayıtlarına baktıklarında, isimleri aynı harfle başlayan evli çiftlerin beklenenden daha fazla olduğunu bulmuşlardır. Buna göre Jenny'nin Joel, Alex'in Amy, Donny'nin de Daisy ile evlenme olasılığı görece fazladır. Bu tür bilinçdışı etkiler küçük olsa da, bunları doğrulamak mümkündür.

Buradaki kritik nokta şudur: Dennis'ler, Laura'lar ya da Jenny'lerden herhangi birine meslek ya da eş seçimini neden bu yönde yaptıklarını soracak olsanız, sizlere anlatacak bilinçli bir hikâyeleri olacaktır. Ama hayatlarının belki de en önemli seçimlerine kadar uzanan bilinçdışı zihinleri, bu hikâyede yer almayacaktır.

Psikolog Eckhard Hess'in 1965'te tasarladığı başka bir deneyi ele alalım. Deneye katılan erkeklerden,

BİLİNÇDIŞINI DÜRTMEK

Richard Thaler ve Cass Sunstein, *Dürtme (Nudge)* başlıklı kitaplarında "sağlık, para ve mutluluğa ilişkin kararlarda" gelişme kaydetmek için beynin bilinçdışı ağlarını hedefleyen bir yaklaşımdan bahsederler. Buna göre ortamdaki ufak çaplı "dürtmeler", biz farkında olmasak da davranış ve kararlarımızda olumlu değişimlere neden olabilir. Süpermarketlerde meyvelerin göz hizasına yerleştirilmesi, insanları gıda seçimlerini daha sağlıklı yönde yapmaları için dürter. Havaalanı tuvaletlerindeki pisuvarlara yapıştırılan bir sinek resmi, erkekleri daha iyi nişan almak yönünde dürter. Çalışanları otomatik olarak emeklilik planlarına yönlendirmek (istendiğinde çıkmak üzere) daha iyi tasarruf uygulamalarına yol açar. Bu idare anlayışı, "yumuşak paternalizm" adını alır. Thaler ve Sunstein'a göre, bilinçdışı beyni yumuşak biçimde yönlendirmek, doğrudan zorlamayla kıyaslandığında karar verme süreci üzerinde çok daha güçlü bir etki gösterir.

kadın yüzlerini gösteren fotoğraflara bakmaları ve bunları değerlendirmeleri istenmişti: Birden ona kadar olan bir ölçeğe göre, ne kadar çekiciydiler? Kadınlar mutlu muydu, yoksa mutsuz mu? Acımasız mı, nazik mi? Cana yakın mı, soğuk mu? Katılımcıların bilmediği şey, fotoğraflarla oynanmış olmasıydı. Fotoğrafların yarısında, kadınların gözbebekleri yapay yolla büyütülmüştü.

Katılımcılar, gözbebekleri genişlemiş kadınları daha çekici buldular. Hiçbiri, gözbebeklerinin boyutları hakkında açık bir yorumda bulunmamıştı; hatta muhtemelen hiçbiri, büyümüş gözbebeklerinin kadınlarda cinsel uyarılmanın biyolojik bir işareti olduğunu da bilmiyordu. Beyinleri biliyordu ama. Deneydeki erkekler, bilinçdışının etkisiyle gözbebekleri büyümüş kadınlara yönlenmiş, onları ayrıca daha güzel, daha mutlu, daha nazik ve daha cana yakın bulmuşlardı.

Aslına bakılırsa, aşkın izlediği yol da çoğunlukla budur. Kendinizi bazı insanlardan daha fazla hoşlanır bulursunuz, ama bunun kesin nedeni üzerine parmağınızı basamazsınız genellikle. Bir neden vardır ama tahminen; ona erişiminiz yoktur, o kadar.

Bir başka deneyde ise, evrimsel psikolog Geoffrey Miller, bir striptiz kulübündeki dansçıların aldıkları bahşişleri kaydederek, kadınların erkeklere ne ölçüde çekici geldiğini ve bu sonuçların kadınların âdet döngüleriyle nasıl değiştiğini belirlemeye çalışmıştı. Aldığı sonuçlara göre, dansçının yumurtlama döneminde (doğurgan olduğu zamanlarda) aldığı bahşişler, âdet döneminde (doğurgan olmadığı zamanlarda) aldığı bahşişlerin iki katıydı. Ama işin tuhaf yanı, erkeklerin, aylık döngülere eşlik eden biyolojik değişimlerin bilincinde olmayışlarıydı. Oysa yumurtlama döneminde, östrojen hormonunun ani artışıyla dış görünüş de belli belirsiz biçimde değişmekte ve hatlar daha simetrik, deri daha yumuşak ve bel daha ince hale gelmekteydi.

Bu tür deneyler, beynin nasıl çalıştığıyla ilgili temel bir şeyi açığa çıkarır: Bu organın görevi dünyayla ilgili bilgi toplamak ve davranışlarınızı buna uygun biçimde yönlendirmektir. Bilinçli farkındalığınızın devreye girip girmemesi, bu açıdan önemli değildir. Ve genellikle girmez de. Çoğu zaman, sizin adınıza alınan kararların farkında bile değilsinizdir.

NEDEN BİLİNÇLİYİZ?

Öyleyse neden bilinçsiz yaratıklar olarak yaşamıyoruz? Neden zihinden yoksun zombiler gibi dolaşmıyoruz ortalıkta? Bu soruya yanıt verebilmek için, yaşadığınız yerdeki sokaklardan birinde, kendi halinizde yürüdüğünüzü farz edin. Birden gözünüze bir şey çarpıyor: Biraz ileride elinde bir evrak çantası, dev bir arı kostümü içinde durmakta olan biri var. Bu insan-arı bileşenini bir süre izleyince, onu gören insanların nasıl tepki verdiğini fark ediyorsunuz: Otomatik rutinlerinden bir anda çıkıyor ve gözlerini dikip bakmaya başlıyorlar.

Bilinç, beklenmeyen bir şey olduğunda, bir sonraki adımımızı hesaplamaya ihtiyaç duyduğumuzda devreye girer. Beyin, işleri mümkün olduğunca otomatik pilot üzerinden yürütmeye çalışsa da, sürekli falsolu topların geldiği bir dünyada bu her zaman mümkün olmayabilir.

Ancak bilinç, yalnızca sürprizlere tepki vermekle ilgili değildir; beyin içindeki çatışmaları çözümlemekte de hayati bir rol üstlenir. Soluk almaktan odada dolanmaya, yiyecek atıştırmaktan bir spor dalında uzmanlaşmaya kadar değişebilen sayısız eylemde milyarlarca nöron devreye girer. Bu eylemlerin her biri, beynin çeşitli düzenekleri içinde yer alan geniş ağlar tarafından desteklenir. Ama ya bir çatışma çıkarsa? Diyelim ki, bir dondurma külahına tam uzanırken, onu yedikten sonra pişman olacağınız geliyor aklınıza. Böyle bir durumda, bir karar vermek zorundasınızdır; size ve uzun dönemli hedeflerinize en iyi uyacak durumu hesaplayabilecek türden bir karar. Bunu yapabilecek olan tek sistem, eşsiz bir bakış açısına sahip olan bilinçtir; beyindeki başka hiçbir alt-sistem bu özelliği taşımaz. Bilinç, bu nedenle etkileşim halindeki milyarlarca birim, alt-sistem ve işlenmiş süreç için hakem rolünü üstlenir ve sistemin bütününü gözeterek planlar yapar, hedefler belirler.

Bilinci, büyük bir şirketin CEO'su olarak görürüm. Bu şirketin bünyesindeki binlerce birim ve bölümün hepsi de, birbirleriyle farklı biçimlerde işbirliği yapmakta, etkileşim kurmakta ve rekabete girmektedirler. Küçük şirketlerde CEO olmasa da olur; ama bir kuruluş yeterli büyüklük ve karmaşıklığa ulaştığında, günlük işlerin detaylarında boğulmayacak ve şirketin uzun dönemli vizyonunu biçimlendirecek bir CEO'nun varlığına ihtiyaç duyar.

Şirketin gündelik işleyişiyle ilgili çok az ayrıntıya erişimi olan CEO, buna karşın şirketin uzun dönemli hedeflerini her an kollamaktadır. CEO, bir şirketin kendine en soyut bakış biçimini temsil eder. Beyin söz konusu olduğunda ise bilinç, milyarlarca hücrenin kendilerini bir bütünün parçası olarak görmelerini, karmaşık bir sistemin kendi yüzüne ayna tutmasını sağlayan bir araçtır.

BİLİNÇ KAYBOLURSA

Ya bilinç gerektiğinde devreye girmez ve otomatik pilota bağlı olarak geçirdiğimiz süre fazla uzarsa?

Bu sorunun yanıtını öğrenenlerden biri, 23 Mayıs 1987'de evinde televizyon seyrederken uyuyakalan Ken Parks olmuştu. O sıralarda beş aylık kızı ve karısıyla yaşayan Parks hem parasal sorunlar, hem evlilik sorunları hem de kumar bağımlılığıyla karşı karşıyaydı. Niyeti, ertesi gün sorunlarını karısının anne ve babasına açmaktı. İkisiyle de arası oldukça iyiydi ve kayınvalidesi onu "yumuşak başlı bir dev" olarak tanımlardı. Parks, gecenin bir saati kalktı, karısının ailesinin evine yirmi üç kilometrelik bir yolculuk yaptı, burada kayınpederine saldırdıktan sonra kayınvalidesini de bıçaklayarak öldürdü. Ardından arabayla en yakın polis karakoluna gidip oradaki polis memuruna şu sözleri söyledi: "Galiba az önce birilerini öldürdüm."

Ne olduğu hakkında en ufak bir şey hatırlamıyordu. Bu korkunç olay sırasında bilinçli zihni sanki bir şekilde ortadan kaybolmuştu. Ken'in beyninde nasıl bir sorun ortaya çıkmış olabilirdi? Avukatı Marlys Edwardh'ın, bu gizemi çözmeye yardımcı olmak üzere topladığı uzmanlar ekibi, bir süre sonra olayların Ken'in uykusuyla ilgili olabileceğinden kuşkulanmaya başladı. Ken cezaevindeyken, avukatının çağırmış olduğu uyku uzmanı Roger Broughton, gece uyuduğu sırada Ken'in EEG sinyallerini ölçtü. Kaydedilen sonuçlar, bir uyurgezerden alınabilecek sonuçlarla uyumluydu.

İncelemelerini derinleştiren ekip, Ken'in ailesindeki birçok başka bireyde de uyku sorunlarına rastladı. Cinayet için herhangi bir gerekçesi bulunmaması yanında, uykusunda alınan ölçümlerde hile de yapamayacak olmasından hareketle Ken cinayet suçlamasından beraat etti ve serbest bırakıldı.

ÖYLEYSE KONTROL KİMDE?

Bütün bunlardan sonra, bilinçli zihnin gerçekte ne kadar kontrol sahibi olduğunu merak ediyor olabilirsiniz. Yaşamlarımızı birer kukla gibi, iplerimizi çekip duran ve bir sonraki adımımızı belirleyen bir sistemin insafında sürdürüyor olabilir miyiz? Durumun gerçekten de böyle olduğuna, bilinçli zihinlerimizin yaptıklarımız üzerinde herhangi bir etkisi bulunmadığına inananlar vardır.

Bu soruyu, basit bir örnekle irdeleyelim. Arabayla giderken ya sağa ya da sola dönmek zorunda olduğunuz bir yol ayrımına geliyorsunuz. Sizi birinden birine dönmeye zorlayan herhangi bir durum yok; ama o anda içinizden sağa dönmek geliyor ve öyle de yapıyorsunuz. Ama niye sola dönmediniz de sağa döndünüz? İçinizden geldiği için mi? Yoksa beyninizdeki erişilmez mekanizma mı karar verdi sizin adınıza? Şöyle düşünün: Kollarınızı, direksiyonu çevirecek şekilde hareket ettiren nöral sinyaller motor korteksinizden gelir; ama o sinyallerin doğduğu yer orası değildir. Sinyalleri yönlendiren, frontal lobun (alın lobunun) başka bölgeleri, bu bölgeleri yönlendiren de yine birçok başka beyin bölgesidir. Bu karmaşık ilişkiler dizisi, beyindeki ağın bir köşesinden diğerine gidip gelen bağlantılarla devam eder. Beyindeki bütün nöronların başka nöronlar tarafından yönlendiriliyor olmaları nedeniyle, bir şey yapmaya karar verdiğiniz bir "sıfır" anı yoktur; sistem içinde, bir başka nöronun etkisiyle tepki vermeyip kendi başına eyleme geçen herhangi bir bileşen de yok gibidir. Sağa –ya da sola– dönme kararınız, aslında zaman içinde geriye; saniyeler, dakikalar, günler öncesine, ömrünüzün başlangıcına kadar uzanan bir karardır. "Kendiliğinden" oluşmuş görünen kararlar bile yalıtık ve soyutlanmış değildir.

Öyleyse bütün geçmişinizi de üzerinizde taşıyarak vardığınız o yol ayrımında verdiğiniz karardan tam olarak kim sorumludur? Bütün bu sözünü ettiklerimiz, bizi özgür irade adı verilen derin soruya yönlendirir. Zamanı yüz kez geriye alsak, vereceğiniz kararlar da hep aynı mı olur?

ÖZGÜR İRADE DUYGUSU

Özerkliğe sahip olduğumuz, yani seçimlerimizi özgürce yaptığımız duygusuyla yaşarız. Ama belirli koşullar sağlandığında, bu özerklik duygusunun yanıltıcı olabileceğini göstermek mümkündür. Harvard Üniversitesi'nden Profesör Alvaro Pascual-Leone de basit bir deney tasarlayarak, katılımcıları bu koşulları sağladığı laboratuvarına davet etmişti.

Deney gönüllüleri, iki kolları öne uzanmış halde bir bilgisayar ekranının önüne oturdular. Yapmaları gereken şey, ekran kırmızıya döndüğünde hangi ellerini hareket ettireceklerine karar vermekti (ama ellerini hareket ettirmeyeceklerdi). Ekran daha sonra sarıya, son olarak da yeşile dönecek, yeşile döndüğünde de kişi, karar vermiş olduğu hareketi gerçekleştirip ya sağ ya da sol elini kaldıracaktı.

Araştırmacılar, bu aşamadan sonra deneye küçük bir ekleme yaparak transkraniyal manyetik uyarım (TMU) yöntemini de devreye soktular. TMU aygıtından çıkan manyetik atım, alttaki beyin bölgesini, bu bölge de motor korteksi uyararak ya sol ya da sağ elde hareket başlatacaktı. TMU atımı, deneyde sarı ışığın yandığı sırada verildi. (Kontrol grubuna atımın kendisi değil, yalnızca sesi verildi.)

TMU uygulaması, katılımcıların bir eli diğerine tercih etmesine neden olmuştu. Sözgelimi, uyarım sol motor korteks üzerinden verildiğinde, katılımcının sağ elini kaldırması daha olasıydı. Ama asıl ilginci, katılımcıların, gerçekte TMU ile yönlendirilen eli kaldırmak istediklerini bildirmiş olmalarıydı. Başka bir ifadeyle, kırmızı ışıkta sol ellerini kaldırmayı yeğlemişken, sarı ışıkta gelen uyarımın etkisiyle, aslında en başından beri sağ ellerini kaldırmak istedikleri duygusuna kapılmışlardı. Ellerindeki hareketi gerçekte TMU başlatıyor olsa da, katılımcıların çoğu, kararlarını özgür iradeleriyle aldıklarını sanıyordu. Pascual-Leone'nin bildirdiğine göre katılımcılar, çoğunlukla seçimlerini kasıtlı olarak değiştirdiklerini söylemişlerdi; yani beyinlerinde gerçekleşen etkinlikleri, sanki özgür seçimleriymiş gibi kendi üstlerine alınıyorlardı. Gerçek şu ki, bilinçli zihin, kendisini kontrolü elinde bulundurduğuna ikna etmekte son derece ustalaşmıştır.

Bu tür deneyler, seçimlerimizde özgür olduğumuz yolundaki sezgilerimize güvenmenin sorunlu doğasını gözler önüne serer. Nörobilim, günümüzde özgür iradeyi tümüyle dışlayacak kusursuz deneylere sahip değildir; çünkü karşımızdaki konu karmaşık olduğu gibi, günümüz bilimi de onu bütünüyle irdelemek için fazla genç olabilir. Ama yine de, bir an için özgür irade diye bir şeyin olmadığı, yol ayrımına ulaştığınızda seçiminizin sizin adınıza zaten belirlenmiş olduğu varsayımı üzerinden gidelim. İlk bakışta, öngörülebilir bir yaşam, pek de yaşanmaya değer bir yaşam gibi görünmüyor.

Ama iyi haber de şu ki, beynin bu akıl almaz karmaşıklığı, gerçekte hiçbir şeyin öngörülebilir olmadığı anlamına gelir. Tabanında pinpon toplarının sıralarla dizilmiş ve her bir topun da bir fare kapanı üzerine dikkatle yerleştirilmiş olduğu bir hazne düşünün. Toplar her an fırlamaya hazır durumda. Haznenin içine yukarıdan tek bir pinpon topu bırakacak olursanız, nereye düşeceğini matematiksel olarak doğrudan öngörmek de üç aşağı beş yukarı mümkündür. Ama top tabana çarptığı anda öngörülemez bir zincirleme tepki başlatır. Çarpma etkisi, topların bir kısmını kapandan fırlamaya iter, bunlar da aynı etkiyi başka toplar üzerinde gösterir, derken durum bir karmaşıklık patlaması halini alır. İlk tahminde herhangi bir hata, ne kadar küçük olursa olsun, toplar çarpışıp, kenarlardan sekip başka toplar üzerine düştükçe büyüyecektir. Kısa süre içinde, topların nerede olacaklarıyla ilgili en ufak bir öngörüde bulunamaz hale gelirsiniz.

Beyinlerimiz de bu pinpon topu haznesi gibidir; ondan çok daha karmaşık olmak farkıyla. Bir haznenin içine birkaç yüz bin pinpon topu sığdırabilirsiniz belki. Buna karşın kafatasınız, haznedeki etkileşimlerin trilyonlarca kat fazlasına ev sahipliği yapmakta, bu etkileşimler de yaşadığınız her saniye boyunca beyninizin bir köşesinden diğerine zıplayıp durmaktadır. Düşünceleriniz, duygularınız ve kararlarınızın kaynağı, işte sayılarla ifade edilemeyecek ölçülere varabilen bu enerji değiş tokuşudur.

Bütün bunlar, öngörülemezliğin başlangıcıdır yalnızca. Her bir beyin, başka beyinlerden oluşmuş bir dünya içine gömülmüştür. İster bir yemek masasının çevresinde, ister bir sınıfın içinde, ister internet dünyasının erimi kapsamında olsun, gezegendeki bütün insan nöronları birbirini etkileyerek hayal bile edilemeyecek karmaşıklıkta bir sistem oluşturmuşlardır. Bu da demektir ki, nöronlar doğrudan fiziksel kurallara tabi kalsalar bile, herhangi bir bireyin bir sonraki adımının ne olacağını tahmin etmek, uygulamada her zaman imkânsız olacaktır.

Bu muazzam karmaşıklık karşısında bize kalan, basit bir gerçeği anlamaya yetecek bir içgörüyle idare etmektir. Bu, yaşamlarımızın, farkındalık ya da kontrol sınırlarımızın çok ötesine uzanan kuvvetlerce idare edildiği gerçeğidir.

4

NASIL KARAR VERİRİM?

Bu dondurmayı yesem mi, yemesem mi? Bu e-postayı şimdi mi yanıtlasam, sonra mı? Hangi ayakkabıları giysem? Günlerimiz; ne yapacağımız, hangi tarafa gideceğimiz, nasıl tepki vereceğimiz, bir etkinliğe katılıp katılmayacağımız gibi konularda verdiğimiz binlerce küçük kararın toplamından oluşur. Karar verme üzerine geliştirilen ilk kuramlar, insanları makul bir karara varmak için seçeneklerinin artı ve eksilerini tartabilen, rasyonel aktörler olarak ele almıştır. Ama insanların karar verme süreciyle ilgili bilimsel gözlemler bunu doğrulamaz. Beyin, her biri kendi hedef ve arzularına sahip ve birbiriyle rekabet halindeki birçok ağdan oluşmuştur. Dondurmayı mideye indirip indirmemeye karar verirken, beyninizdeki ağlardan bir kısmı şeker lehine, bir kısmı da mihrap kaygısıyla aleyhine çalışacak, bazı ağlar da, yarın spor salonuna gitmeye söz vermeniz koşuluyla dondurmayı yiyebileceğinizi söyleyecektir size. Beyniniz bu anlamda, devleti yönlendirebilmek için birbirleriyle kıyasıya mücadele eden rakip siyasi partilerden oluşmuş bir nöral parlamentodur. Bu nedenle kararlarınızı kimi zaman bencilce, kimi zaman cömertçe; kimi zaman dürtülerinizi, kimi zaman da geleceği merkeze alarak verirsiniz. Karmaşık canlılar olmamızın nedeni, hepsini denetim altında tutmak istediğimiz birçok farklı güdüden oluşmamızdır.

HER KARARIN BİR SESİ VAR

Ameliyat masasının üzerinde, elindeki titremeleri durdurmak için beyin ameliyatı geçirmekte olan Jim adlı bir hasta yatıyor. Elektrot adı verilen uzun, ince teller beyin cerrahı tarafından Jim'in beynine yönlendirilmiş durumda. Teller üzerinden küçük bir elektrik akımı verilerek, Jim'in nöronları üzerinde titremeleri azaltacak ayarlamalar yapılabiliyor.

Bu elektrotlar, tek haldeki nöronların etkinliklerine kulak misafiri olmak için özel bir fırsat anlamına geliyor. Nöronlar, "aksiyon potansiyeli" adı verilen ani elektriksel tepecikler veya etkinlik artışları aracılığıyla konuşurlar; ancak bu sinyaller gözle görülemeyecek kadar küçük olduklarından, araştırmacılar bunları genellikle bir hoparlörden geçirirler. Böylece voltajdaki çok küçük bir değişim (saniyenin binde biri kadar süren, bir voltun onda biri ölçeğinde), işitilebilir bir "pop!" sesine dönüştürülür.

Elektrot, beynin farklı bölgelerine yönlendirildikçe, o bölgelerdeki etkinlik örüntüleri, çıkardıkları seslerle işin eğitimini almış olanlar tarafından tanınabilir. Bazı bölgeler *pop!pop!pop!* sesleriyle karakterize edilirken, bazıları çok daha farklı sesler üretir: *pop!....poppop!... pop!* Dünyanın farklı yerlerindeki insanların sohbetlerine aniden ve gelişigüzel biçimde yapılan bir kulak misafirliğine benzer bu durum. Kulak kabarttığınız insanlar çok çeşitli kültürlerden, belirli iş alanlarında çalışanlar olacağından, hepsinin sohbeti de farklı nitelikte olacaktır.

Ben de ameliyathanede, bir araştırmacı olarak bulunuyorum: Meslektaşım ameliyatı gerçekleştirirken, benim hedefim de beynin nasıl karar verdiğini daha iyi anlayabilmek. Bu amaçla Jim'den konuşmak, okumak, bakmak, karar vermek gibi farklı şeyler yapmasını istiyorum. Niyetim, nöron etkinliğiyle

Resimdeki yaşlı kadını gördüğünüzde beyninizde neler olur? Genç kadını gördüğünüzde değişen nedir?

ilişkilendirebileceğim eylemleri bulmak. Beyinde ağrı reseptörleri bulunmadığından, hasta ameliyat sırasında uyanık tutulabiliyor. Bir yandan kayıt yaparken bir yandan da Jim'den basit bir resme bakmasını istiyorum.

Resimde gördüğünüz, başını diğer yana çevirmiş, şapkalı bir bayan olabilir. Şimdi de aynı resmi başka türlü yorumlamanın bir yolunu bulmaya çalışın. Bu sefer de aşağıya ve sola bakmakta olan bir yaşlı kadın göreceksiniz. Resme baktığınızda bunlardan ya birini ya da diğerini görürsünüz (buna algısal çift-durumluluk adı verilir): Resimdeki çizgiler, birbirinden çok farklı olan iki yorumla da tutarlıdır. Gözünüzü dikip baktığınızda önce bir tanesini, sonra diğerini, sonra yine birincisini görürsünüz ve bu böyle devam edip gider. Ama asıl önemli nokta şu ki, sayfanın kendisinde değişen bir şey yoktur. İşte bu nedenle de, Jim görüntünün değiştiğini her söylediğinde, bunun nedeni beyninde de değişen bir şeyler olmalıydı.

Jim, genç ya da yaşlı kadınlardan birini gördüğü anda, beyni bir karar vermiş durumdadır. Bir kararın bilinçli olması gerekmez. Jim örneğinde söz konusu olan, görme sistemi tarafından verilmiş algısal bir karardır; görüntüler arasındaki geçiş de tümüyle kapalı kapılar ardında saklıdır. Beyin, kuramsal olarak hem genç hem de yaşlı kadını aynı anda görebilecek olsa da, gerçekte beynin yaptığı bir iş değildir bu. Beyin bir tür refleksle, belirsizlik taşıyan bir şeyle ilgili bir seçim yapar. Sonra yeniden yapar seçimi. Bu şekilde defalarca ileri geri gidip gelebilir. Ama sonuçta yaptığı iş, belirsizliği seçeneklere parçalamaktır.

İşte bütün bunlara bağlı olarak, Jim'in beyni de genç kadın –ya da yaşlı kadın– yorumu üzerinde karar kıldığında, verilen tepkileri az sayıda nöron aracılığıyla bizler de dinleyebiliyoruz. Kimi daha yüksek bir etkinlik düzeyine çıkarken (*poppop!.pop!..pop!*) kimi de yavaşlıyor (*pop!....pop!..pop!....pop!*). Ancak değişimler, hızlanıp yavaşlamayla sınırlı değildir. Nöronlar, etkinlik örüntülerini kimi zaman da daha belli belirsiz biçimde değiştirebilir ve ilk hızlarını korudukları durumlarda bile diğerleriyle eşgüdümlü hale gelebilir ya da eşgüdümü bozabilirler.

Bizim izlemekte olduğumuz nöronlar ise, algı değişiminden tek başlarına sorumlu değiller. Milyarlarca başka nöronla ortaklaşa çalıştıklarından, tanık olabileceğimiz değişimler de, büyük beyin alanları içinde kendini gösteren örüntü değişimlerinin yansımalarından ibaret. Jim'in beyninde örüntülerden birinin diğerlerine baskın gelmesi, bir kararın verildiği anlamına geliyor.

Bütün yaşamınız boyunca her gün binlerce karar vermek durumunda olan beyniniz, bu şekilde yaşam deneyimlerinizi de belirlemektedir. Ne giyeceğiniz, kimi arayacağınız, gelişigüzel bir sözü nasıl yorumlayacağınız, bir e-postaya yanıt verip vermeyeceğiniz, bir yeri ne zaman terk edeceğinize varana kadar bütün eylem ve düşüncelerinizin temeli, aldığınız kararlardır. Kimliğiniz, yaşamınızın her anında kafatasınızın altında, beyninizin tümü içinde köpüren egemenlik savaşlarından doğar.

Jim'in beynindeki nöral etkinliği *–pop!pop!pop–* dinleyip de hayrete düşmemek mümkün değildi. Bu, ne de olsa türümüzün bütün tarihi boyunca aldığı kararların sesini yansıtmaktaydı. Her bir evlilik teklifli, her bir savaş ilanı, hayal gücünün yaptığı her bir sıçrama, bilinmeze doğru fırlatılan her bir uzay projesi, her bir iyilik, her bir yalan, her bir dönüm noktası, her bir karar anı... Bunların hepsi işte burada, kafatasının karanlığı içinde ve biyolojik hücre ağlarındaki bu etkinlik örüntülerinden doğmuştu.

BEYİN, ÇEKİŞMELER ÜZERİNE KURULU BİR MAKİNEDİR

Karar verme sürecinde sahne arkasında olup bitenlere biraz daha yakından bakalım. Farz edin ki bir dondurma dükkânının önünde duruyor ve aynı derecede sevdiğiniz iki çeşit arasında karar vermeye çalışıyorsunuz; diyelim ki naneli ve limonlu. Dışarıdan bakıldığında öyle pek de bir şey yapıyor gibi değilsiniz: Yaptığınız tek şey, orada dikilip gözlerinizle iki seçenek arasında gidip gelmek. Ama bu ölçüde basit bir seçim bile, beyninizde bir etkinlik fırtınası başlatmaya yetti de arttı bile.

Bir nöron, tek başına anlamlı bir etkiye sahip değildir. Ama her nöron binlerce başka nöron ile, onlar da yine binlercesiyle bağlantılıdır ve bu ilişki devasa, döngüsel ve dallı budaklı bir ağ içinde devam edip gider. Bu arada bütün nöronlar, birbirini uyaran ya da baskılayan kimyasallar salmaktadırlar.

Ağ içindeki belirli bir grup, naneli dondurmayı temsil etmektedir. Bu örüntü, birbirlerini karşılıklı olarak uyaran nöronlardan oluşmuştur. Nöronların mutlaka yan yana olmaları gerekmez; hatta koku, tat, görme işlevleri ve bunların yanı sıra naneli dondurmayı içeren benzersiz anılar tarihinizle ilgili, birbirine uzak beyin bölgelerini kapsamaları daha olasıdır. Bu nöronların tek başına hiç birinin, naneli dondurmayla bir ilişkisi olduğu söylenemez. Dahası, her biri farklı zamanlarda, sürekli değişim halindeki farklı ortaklıklara giderek çok çeşitli roller üstlenebilirler. Ama bu düzenlenme dahilinde hepsinin birden etkin hale gelmeleri, beyniniz için "naneli dondurma" anlamını taşır. Siz dükkânda sergilenen dondurma çeşitlerinin önünde dururken, bu nöronlar federasyonunun üyeleri de birbirleriyle heyecanlı bir iletişim içine girmişlerdir; tıpkı birbirinden uzak insanların internet üzerinden topluca yaptığı konuşmalar gibi.

Seçim kampanyası yapan tek grup, bu nöronlar değildir. Rakip olasılık –limonlu dondurma– da bu sırada kendi nöron partisiyle temsil edilmektedir. Naneli ve limonlu dondurma partilerinden her biri, kendi etkinliğini güçlendirip diğerininkini baskılayarak üstünlük sağlamaya çalışmaktadır. Tek bir galibi olan bu yarışta, mücadele taraflardan biri kazanana kadar sürer ve galip gelen taraf da bir sonraki eyleminizin ne olacağını belirler.

Beynin işleyişi, bilgisayarların aksine, her biri bir diğerine üstün gelmeye çalışan farklı olasılıklar arasındaki çatışmalardan beslenir; üstelik seçenekler de her zaman birden fazladır. Nane ya da limonlu dondurmadan birine karar verdikten sonra bile kendinizi yeni bir çatışma içinde bulmanız an meselesidir: Hepsini mi yemeli? Bir

AYRIK BEYİN: ÇATIŞMALAR GÖZ ÖNÜNDE

Belirli koşullarda, beynin farklı kısımları arasındaki mücadeleye tanık olmak özellikle kolay hale gelir. Bazı sara türlerinin tedavisinde hastalar, beynin iki yarımküresi arasındaki bağlantıların ortadan kaldırıldığı "ayrık beyin" ameliyatına alınabilirler. İki yarımküre, normalde "korpus kallosum" adı verilen bir sinirsel otoyol aracılığıyla birbirine bağlıdır. Bu yapı, sağ ve sol yarımların birbiriyle eşgüdüm ve uyum içinde çalışmalarına olanak sağlar. Üşüdüğünüzde iki eliniz aralarında işbirliğine gider ve biri ceketinizi tutarken diğeri de fermuarı çeker.

Ama korpus kallosum'daki bağlantılar koptuğunda hem şaşırtıcı hem de büyüleyici bir klinik tablo çıkar ortaya: yabancı el sendromu. Bu sendromda iki el, birbirinden tümüyle farklı amaçlar gözetebilir. Hasta, sözgelimi bir eliyle ceketin fermuarını yukarı çekmeye başlamışken, diğeri ("yabancı" el) birden fermuarı yakalayıp yeniden aşağı çeker. Ya da hasta bir eliyle bir bisküviye uzanırken, diğeri aniden harekete geçerek birinci ele vurup hareketi engeller. Böylece, beyin içinde süregiden olağan çatışma, iki yarımkürenin birbirinden bağımsız hareket etmesiyle açığa çıkmış olur.

Yabancı el sendromu, ameliyatı izleyen haftalar içinde yavaş yavaş kaybolur. Bu süre içinde beynin iki yarısı, geriye kalan bağlantılardan yararlanarak yeniden işbirliği içinde çalışmaya başlamışlardır. Ama bu sendrom, tek bir amaçla hareket ettiğimizi sandığımız zamanlarda bile, eylemlerimizin, aslında kafanın karanlığı içinde sürekli alevlenip sönen muazzam çarpışmaların birer ürünü olduğunu açıkça gösterir.

tarafınız bu lezzetli enerji kaynağını arzularken, bir tarafınız da bunun şekerli olduğunu ve onu yemek yerine koşu yapıyor olmanız gerektiğini bilmektedir. Bütün külahı mideye indirip indirmeyeceğiniz, tümüyle içerideki çatışmanın nasıl sonlanacağına bağlıdır.

Beynimizin içinde süregiden çatışmalara bağlı olarak kendimizle tartışabilir, kendimize küfredebilir ya da kendimizi kandırabiliriz. İyi de, tam olarak kim, kiminle konuşuyordur bu arada? Konuşanların hepsi de sizsiniz; ama farklı parçaların söz aldığı bir siz.

Beyindeki başlıca rakip sistemleri irdeleyebilmek için, "vagon açmazı" olarak bilinen bir düşünce deneyini ele alalım. Bir tren vagonu, kontrolden çıkmış halde raylardan hızla ilerliyor. Biraz ileride dört işçi rayların onarımıyla uğraşmakta. Siz de oradasınız ve vagonun çarpmasıyla hepsinin öleceğini hemen anlıyorsunuz; ama sonra fark ediyorsunuz ki yakınlarda, vagonu bir başka raya yönlendirebilecek bir kol da var.

Vagon açmazı. Bu senaryo karşısında ne yapacakları sorulan insanların neredeyse hepsi, kolu çekeceklerini söylüyor. Dört kişi öleceğine bir kişinin ölmesi, ne de olsa çok daha iyi; öyle değil mi?

Ama durun bir dakika! O rayın üzerinde de bir işçi çalışıyor. Öyleyse kolu çekerseniz bir işçi ölecek; çekmezseniz de dört işçi ölecek. Kolu çeker misiniz?

Şimdi de birincisinden biraz farklı, ikinci bir senaryoyu ele alalım. Bu senaryo da aynı koşullarda başlıyor: Bir vagon, kontrolden çıkmış halde raylarda hızla ilerliyor ve ilerideki dört işçi bu durumda ölecek. Ancak bu sefer durduğunuz yer, rayları yukarıdan gören bir su deposu platformu. Yanınızda, uzaklara dalmış bakan iriyarı bir adam var. Fark ediyorsunuz ki, adamı iterseniz doğrudan rayın üzerine düşecek ve vücut ağırlığı da vagonu durdurup dört işçiyi kurtarmaya yetecek.

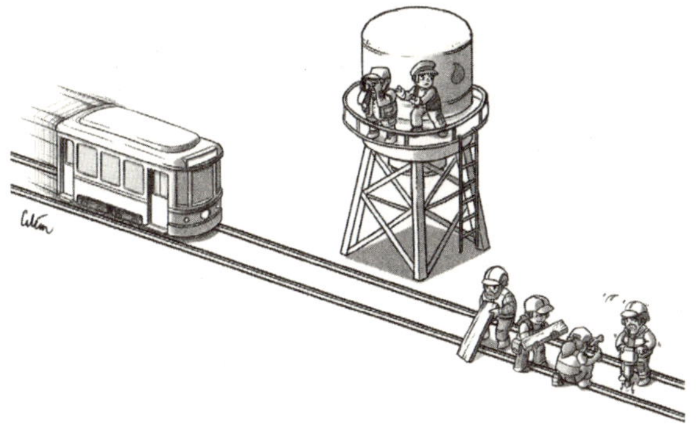

Vagon açmazı – 2. senaryo. Bu koşullarda, neredeyse hiç kimse adamı aşağı itmeye yeltenmiyor. Ama neden? Bu soruya verilen yanıtlar, genellikle "bu, cinayet olur" ya da "bu çok yanlış olur" biçiminde.

Adamı iter misiniz?

Bu noktada biraz durun. İki durumda da aynı denklemi düşünmeniz istenmiyor mu sizden? Bir yaşamı dört yaşam için feda etme tercihini? İkinci senaryoda

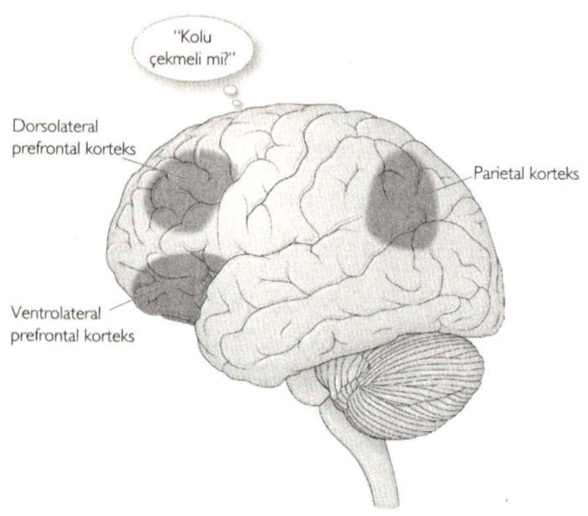

Beynin bazı bölgeleri, mantıksal problem çözmeye diğerlerinden daha fazla adanmıştır.

alınan sonuçlar neden bu kadar farklı öyleyse? Etikçilerin birçok yönüyle irdelemiş oldukları bu soru, beyin görüntüleme teknikleriyle oldukça dolaysız bir yanıta ulaşabilmiştir. Birinci senaryo, beyin için bir matematik probleminden ibarettir ve senaryodaki açmaz, mantık sorularını çözmede devreye giren beyin bölgelerini etkinleştirir.

İkinci senaryo, adamla fiziksel bir etkileşime girip onu ölüme itmenizi, bu da başka ağların göreve çağrılmasını gerektirir. Bunlar, duygularla ilgili beyin bölgeleridir.

İkinci senaryoda, farklı görüşteki iki sistem arasında bir açmaza düşmüşüzdür. Akılcı ağlarımız bize bir ölümün dört ölüme yeğlenebileceğini, duygusal ağlarımız da kendi halindeki bir adamı öldürmenin yanlış olduğunu söylemektedir. Birbirine rakip iki güdünün arasında sıkışıp kalmışızdır. Bunun sonucunda kararımız da büyük olasılıkla ilk senaryodakinin tümüyle tersine dönecektir.

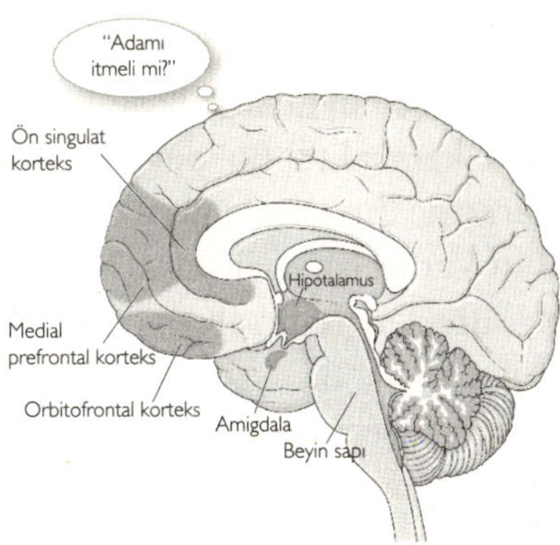

Masum bir insanı ölüme itip itmemeyi düşünürken, duygularla ilgili beyin ağları karar vermede daha etkin bir rol üstlenirler; bu durum sonucu bütünüyle değiştirebilir.

Vagon açmazı, gerçek dünyada karşılaştığımız durumlara ışık tutar. Günümüz savaşlarını düşünün. Bunlar, adamı deponun tepesinden aşağı itmekten çok, kolu çekmek eylemiyle kıyaslanabilir durumdadır artık. Uzun erimli bir füze fırlatmak için bir düğmeye basıldığında, yalnızca mantık problemlerini çözmede işlev gören ağlar devreye girer. Bir insansız hava aracının çalıştırılması, video oyunu oynamaktan farksız hale gelebilir, siber saldırılar ise yıkıcı etkilerini uzun mesafelerden gösterebilirler. Bu sırada akılcı ağlar devrededir, ama aynı şey duygusal ağlar için geçerli olmayabilir. Uzaktan yürütülen savaşların ayrık ve kopuk doğası iç çelişkilerin şiddetini düşürerek savaş girişimlerini kolaylaştırır.

Bir siyaset uzmanı, nükleer füze fırlatmak için basılan düğmenin, Başkan'ın en iyi arkadaşının göğsüne yerleştirilmesi gerektiğini söylemişti. Böylece başkan nükleer bir silahı harekete geçirmek için, kendi arkadaşına fiziksel şiddet uygulamak ve onu paramparça etmek zorunda kalacaktı. Bu durumu göz önüne almak, karar sürecine duygusal ağları da katmak demekti. Ölüm-kalım kararları verilirken, başıboş bırakılmış akıl yürütme süreçleri tehlikeli olabilir. Duygularımız güçlü ve çoğu zaman da içgörülü bir seçmen kitlesi oluştururlar; onları seçimden dışlamak, yanlışlara yol açacaktır. Hepimizin robotlar gibi davrandığı bir dünya, daha iyi bir dünya değildir.

Nörobilim yeni olabilir; ama bu yöndeki sezgiler uzun bir geçmişe sahiptir. Eski Yunanlılar, yaşamlarımızı bir at arabası olarak düşünebileceğimizi ileri sürmüşlerdi. Buna göre bizler de, arabayı çeken iki atı – aklı temsil eden beyaz atla tutkuyu temsil eden siyah atı– zapt etmeye çalışan arabacılardık. Her iki at da arabayı birbirine zıt yönlerde çekmeye çalışırken bizim görevimiz ikisini de kontrol altında tutarak yolun ortasından ilerlemekti.

Duyguların önemini nörobilimin geleneksel yöntemleriyle de ortaya çıkarmak mümkündür. Bunun için, karar sürecinde duyguların dışlandığı durumlarda neler olabileceğine bir göz atabiliriz.

VÜCUDUNUZ VE KARARLARINIZ

Duygularımızın hayatımızdaki rolü, ona zenginlik katmaktan ibaret değildir. Bir sonraki hareketimizin ne olacağını el yordamıyla belirlediğimiz günün her anında, verilen kararın arkasındaki sır, yine duygularda yatar. Bunu daha iyi görebilmek için, bir zamanlar mühendis olan ve bir motosiklet kazası geçiren Tammy Myers'ın durumuna bakalım. Kazanın sonucunda, göz çukurlarının hemen üzerinde kalan bir beyin bölgesi olan orbitofrontal korteks hasar görmüştü. Bu bölge, vücudun her tarafından akın eden sinyallerin bir araya getirilip bütünleştirilmesinde büyük önem taşır. Bunlar, vücudun durumunu (aç mı, sinirli mi, heyecanlı mı, utanç içinde mi, susuz mu, mutlu mu) beynin geri kalanına bildiren sinyallerdir.

Tammy, beyni travmaya bağlı hasar görmüş birine hiç de benzemiyor. Ama onunla beş dakika zaman geçirmeniz, yaşama dair günlük kararlarla başa çıkmada sıkıntı yaşadığını anlamanız için yeterli. Verilecek bir kararın bütün olumlu ve olumsuz yönlerini açıklayabilse de, karar gerektiren en basit durumlarda bile kararsızlık içinde boğuluyor. Hiç bir seçenek, somut olarak bir diğerinden farklı değildir; karar verilmediği sürece herhangi bir işi tamamlamak da çok zordur. Tammy de, bütün günü kanepenin üzerinde oturarak geçirdiğini söylüyor.

Tammy'nin beyni, bize karar vermeyle ilgi çok önemli bir şey söyler. Beynin en yukarıdan vücuda hükmettiğini düşünmek kolaydır; ama aslında beyin, vücutla sürekli bir geribildirim ilişkisi içindedir. Vücuttan gelen "fiziksel" sinyaller, neler olup bittiği ve bununla ilgili olarak yapılacaklar hakkında hızlı bir özet sağlamış olurlar. Herhangi bir seçenek üzerinde karar kılabilmek için, vücut ve beynin birbiriyle sıkı bir iletişim içinde olmaları gerekir.

Şu durumu düşünün: Yanlışlıkla size gelmiş bir paketi yan komşunuza teslim etmek istiyorsunuz, ama bahçe kapısına ulaştığınızda bir köpek size hırlayıp dişlerini göstermeye başlıyor. Kapıyı açıp eve doğru ilerler misiniz? Burada kararınızı belirleyen etken, köpek saldırılarına ilişkin istatistikler değildir; köpeğin tehditkâr duruşu vücudunuzda bir dizi fizyolojik tepkiye yol açmıştır: kalp atım hızınızda artış, karnınızda bir sıkışma duygusu, kasların gerilmesi, gözbebeklerinin genişlemesi, kan hormonlarında değişimler, ter bezlerinin salgısı vs. Bu tepkilerin hepsi de otomatik ve bilinçdışıdır.

Böyle bir anda, eliniz kapı kolu üzerinde öylece kalakalmışken, değerlendirme kapsamına alabileceğiniz birçok dış ayrıntı vardır (köpeğin tasmasının rengi gibi); ama beyninizin şu anda asıl bilmeye ihtiyaç duyduğu şey, ne yapmanız gerektiğidir: Köpekle yüzleşmeyi mi göze almalı, yoksa paketi başka şekilde mi ulaştırmalısınız? Vücudunuzun içinde bulunduğu durum, koşulların bir özetini sunarak bu noktada imdada yetişir. Fizyolojik imzanız, flu bir gazete manşeti gibidir: "bundan kaçın" ya da "sorun yok" gibi. Bu imza, beyninizin bir sonraki eylem için karar vermesine yardımcı olacaktır.

Her gün, vücudumuzu bu şekilde okuruz. Fizyolojik sinyaller çoğu durumda daha belli belirsiz olduğundan, genellikle onların farkında değilizdir. Ancak bu sinyaller, vermek zorunda olduğumuz kararların yönlendirilmesinde yine de büyük önem taşırlar. Bir süpermarkette bulunduğunuz anları gözünüzün önüne getirmeye çalışın. Bu tür yerler, Tammy'nin kararsızlık içinde donakalmasına neden olan ortamlardır. Hangi elmayı almalı? Hangi ekmeği almalı? Hangi dondurmayı almalı? Alışveriş yapan biri, binlerce seçenekle karşı karşıya kalır. Bunun sonucunda hayatımızın yüzlerce saatini rafların önünde, nöral ağlarımızı seçeneklerden biri üzerinde karar kılmaya ikna etme çabası içinde geçiririz. Çoğunlukla farkında olmasak da, vücutlarımız, bu akıl almaz karmaşıklık içinde yolumuzu bulmamıza yardımcı olur.

Hazır çorbalardan biri üzerinde karar kılmaya çalıştığınızı farz edelim. Üstesinden gelmek zorunda olduğunuz fazlaca ayrıntı var karşınızda: kalori, fiyat, tuz içeriği, tat, paketleme, vs. Eğer bir robot olsaydınız, hangi ayrıntının daha önemli olduğunu bulmanın bariz bir yolu bulunmadığından, karar vermek için bütün gün rafın önünde çakılır kalırdınız. Seçeneklerden biri üzerinde karar kılabilmek için bir tür özete ihtiyacınız vardır. İşte vücudunuzdan gelen geribildirim de bu özeti sağlar size. Bütçenizi hesaba kattığınızda elleriniz terleyebilir; tavuk sulu şehriye çorbasını son içişinizi hatırlamanız ağzınızın sulanmasına, diğer çorbadaki aşırı krema içeriğini fark etmeniz de bağırsaklarınızın kasılmasına neden olabilir. Önce biri, sonra diğeriyle ilgili deneyimlerinizi simüle edersiniz. Vücudunuzun deneyimleri önce A çorbasına, sonra da B çorbasına hızla değer biçmenizi ve dengeyi birinden biri lehine bozmanızı sağlar. Sonuçta çorba kutularındaki verileri ayrıştırıp okumakla kalmaz, bu verileri "hissedersiniz" de. Bu duygusal imzalar, havlayan köpekle yüzleşme örneğinde söz konusu olanlardan daha belli belirsizdir belki, ama ikisindeki temel fikir aynıdır: Her seçim, vücudun bir imzasıyla damgalanmıştır. Bu da karar vermede size yardımcı olur.

Naneli ve limonlu dondurmalar arasında seçim yaptığınız daha önceki örnekte, ağlar arasında bir mücadele olduğundan söz etmiştik. Bu mücadelede dengeyi bozan ve ağlardan birinin diğerine üstün gelmesini sağlayan temel etken, vücudunuzdan gelen sinyallerdi. Tammy ise beyin hasarı nedeniyle, vücut sinyallerini karar verme süreciyle bütünleştirme becerisine sahip değil. Buna bağlı olarak, seçeneklerin değerler toplamını birbiriyle hızlı biçimde kıyaslama, sıralayabildiği düzinelerce ayrıntıyı öncelik değerlendirmesinden geçirme şansı da yok. Tammy'nin, yaşamının önemli bir bölümünü kanepede oturarak geçirmesinin nedeni de işte bu: Sahip olduğu seçeneklerden hiç biri, onun için duygusal bir değer taşımıyor. Ağların yürüttüğü kampanyaları birinin lehine çevirmek mümkün olmadığından, Tammy'nin beynindeki nöral parlamentonun tarafları, tartışmalarını kaçınılmaz bir çıkmaz noktasında sürdürüp duruyorlar.

Bilinçli zihin düşük bant genişliğine sahip olduğundan, kararlarınıza yön veren vücut sinyallerine genellikle tam erişiminiz yoktur ve vücudunuzda süregiden etkinlikler farkındalık yüzeyinin derinlerinde kalırlar. Ama sinyaller yine de olduğunuzu düşündüğünüz kişi üzerinde uzun erimli etkiye sahiptirler. Örnek verecek olursak, nörobilimci Read Montague, insanların siyasi görüşleriyle duygusal tepkilerinin niteliği arasında bağlantı olduğunu bulmuştur. Uyguladığı yöntemde katılımcılar beyin taramasından geçerken, kendilerine gösterilen bir dizi resme verdikleri tepkiler ölçülür. İğrenme duygusu uyandırmak üzere seçilmiş olan resimlerde dışkı, ceset ya da böceklerle kaplanmış yiyecek görüntüleri yer almaktadır. Tarama aygıtından çıkan katılımcılara, bir deneye daha katılmak isteyip istemedikleri sorulur; kabul ederlerse, on dakika süreyle siyasi ideoloji içerikli bir anketi doldururlar. Anketteki sorular silah kontrolü, kürtaj, evlilik öncesi seks gibi konuları kapsamaktadır. Montague'nun bulgularına göre, bir katılımcı görüntülerden ne kadar iğreniyorsa, muhafazakâr eğilimleri de o oranda güçlüdür; iğrenme duygusu azaldıkça da liberal eğilimler güç kazanmaya başlar. Aradaki bu ilişki öylesine güçlüdür ki, bir katılımcının iğrendirici tek bir görüntüye verdiği nöral tepkiden yola çıkılarak, siyasi ideoloji test puanlarını yüzde 95 kesinlikle öngörmek mümkündür. Buna göre siyasi eğilimler, zihinsel ve bedensel unsurların kesiştiği alanda belirirler.

GELECEĞE YOLCULUK

Her karar –vücudun farklı "durum"ları içinde depolanmış bulunan– geçmiş deneyimler kadar, o anki koşulları da ("X yerine Y'yi almaya yetecek param var mı?" "Z seçeneği de söz konusu olabilir mi?") hesaba katar. Ancak karar dosyasının bir bölümü daha vardır: geleceğe ilişkin tahminler.

Hayvanlar âlemindeki her canlı, ödül peşinde koşmaya ayarlıdır. Ödül dediğimiz şey de özünde, vücudu koyduğu ideal hedeflere yaklaştıran bir araçtır. Vücudunuz su kaybetmeye başladığında ödül, sudur; enerji depolarınız tükenmeye başladığında ödül, yiyecektir. Su ve yiyecek, doğrudan biyolojik ihtiyaçlara hitap ettiklerinden, birincil ödüller olarak nitelendirilirler. Ancak insan davranışları daha çok, birincil ödülleri öngören ikincil ödüllerle yönlendirilir. Örneğin, metalden bir dikdörtgen tek başına beyninize fazla bir şey ifade etmez; ama onu bir musluk olarak anlamlandırmayı öğrenmiş olduğunuzdan, susuzluk çektiğinizde musluğun görüntüsü sizin için bir ödüldür. Biz insanları ele aldığımızda, en soyut kavramlar bile bizim için ödüllendirici olabilir; içinde bulunduğumuz toplumda bize değer verildiğini hissetmek gibi. Ayrıca, hayvanlardan farklı olarak, bu ödüller biyolojik ihtiyaçlarımızdan önce bile gelebilir. Read Montague'nun da işaret ettiği gibi "köpekbalıkları açlık grevi yapmazlar". Hayvanlar âleminin geri kalanı yalnızca temel ihtiyaçları peşinden koşarken, insanlar soyut idealler uğruna bu ihtiyaçları düzenli olarak geri plana atarlar. Bu nedenle bir dizi olasılıkla karşı karşıya kaldığımızda, ödülü nasıl tanımladığımıza bağlı olarak, değerini mümkün olduğunca artırabilmek için, iç ve dış verileri bütünleştirme yoluna gideriz.

İster temel, ister soyut özellikte olsun, bütün ödüllerle ortaya çıkan bir sorun, yapılan seçimlerin genellikle meyvelerini sonradan vermesidir. Aldığımız kararların neredeyse hepsi, daha sonraki bir zamanda ödül verecek olan seçimler içerir. İnsanlar, değerli buldukları bir diplomaya ileride sahip olabilmek için yıllarca okula gider, ileride alabilecekleri bir terfi ya da ücret artışının umuduyla hiç keyif almadan köle gibi çalışır, forma girmek hedefiyle zorlu egzersiz süreçlerini göze alabilirler.

Farklı seçenekleri birbirleriyle kıyaslamak; aslında her birine ortak bir birim (öngörülen ödül) üzerinden değer biçmek ve değeri en büyük olan seçenekte karar kılmak anlamına gelir. Şöyle bir senaryo düşünün: Biraz boş zamanım var ve bu süre içinde ne yapacağıma karar vermeye çalışıyorum. Yiyecek alışverişi yapsam iyi olacak; ama bir yandan da bir kafede oturup laboratuvarım için yapacağım ve süresi dolmak üzere olan bir destek başvurusu üzerinde çalışmam gerektiğinin farkındayım. Ayrıca oğlumla parkta biraz zaman geçirmek de istiyorum. Bu seçenekler menüsünün içinden bir karara nasıl varacağım?

Bu deneyimlerin her birini yaşayabilsem, sonra zamanı geriye sararak hepsini birbiriyle doğrudan kıyaslayıp verdikleri sonuca göre de biri üzerinde karar kılabilsem, işim çok kolay olurdu. Ama ne yazık ki zamanda yolculuk yapamıyorum.

Yoksa yapabiliyor muyum?

Zamanda yolculuk, insan beyninin bıkıp usanmadan yaptığı bir şeydir. Bir kararla karşı karşıya olan beyin, farklı sonuçların simülasyonunu kurarak tahmini bir gelecek modeli oluşturur. Zihinsel olarak kendimizi şimdiki zamandan ayırabilir ve henüz var olmayan bir dünyaya yolculuk yapabiliriz.

Zihnimde bir senaryonun simülasyonunu kurmak, atmam gereken adımlardan yalnızca birincisi.

Kurgulanan senaryolar arasından birine karar verebilmek için, bu potansiyel geleceklerin her birinin bana sunacağı ödülü tahmin etmeye çalışıyorum. Evimdeki kileri yiyecekle doldurduğum senaryonun simülasyonunu yaptığımda, belirsizlikleri dışlamış olduğum düzenlilik durumu, bana bir rahatlama hissi veriyor. Çalışmalarıma maddi destek sağlamaksa farklı türden ödüller sunuyor bana: laboratuvarım için para bulmanın ötesinde, genel olarak bölüm başkanından alacağım övgü ve kariyerimle ilgili başarı duygusu. Kendimi oğlumla birlikte parkta hayal etmek de bende mutluluk uyandırıyor ve aile içi yakınlık duygusuyla ödüllendirilmiş oluyorum. Nihai kararım, bu üç geleceğin, ödül sistemlerimin tanımladığı ortak birim temelinde birbiriyle kıyaslanmasıyla belirlenecek. Bu, kolay bir seçim değil; çünkü bütün bu değerlendirmeler başka vurguları da kapsamakta: Alışveriş simülasyonuna bezginlik duygusu, destek başvuru yazısına gerilim duygusu, park simülasyonuna da işlerin yarım kalmasına bağlı bir suçluluk duygusu eşlik ediyor. Genel olarak, beynim farkındalık radarının altında bütün bu seçenekleri tek tek simüle ederek her biri üzerinde sezgisel bir değerlendirmede bulunuyor. Ve kararımı böyle veriyorum.

Peki, bu gelecekleri doğru biçimde nasıl simüle edebiliyorum? Önümdeki farklı yollardan ilerlemenin gerçekte nasıl bir deneyim olacağını nasıl öngörebiliyorum? Gerçek şu ki, öngöremiyorum; yani öngörülerimin tam anlamıyla doğru olup olmadığını anlamamın yolu yok. Yaptığım bütün simülasyonlar, yalnızca geçmiş deneyimlerime ve dünyanın işleyişiyle ilgili şimdiki modellerime dayanıyor. Hayvanlar âleminin bütün diğer üyeleri gibi ortalıkta dolaşıp neyin gelecekte ödülle sonuçlanıp neyin sonuçlanmayacağını rastlantısal olarak keşfetmeyi bekleyemeyiz. Beynin temel görevi, öngörüde bulunmaktır. Bunu da makul bir düzeyde gerçekleştirebilmek için, bütün deneyimlerimizden yararlanarak dünyayla ilgili sürekli bilgi toplama yoluna gideriz. Ben de, buna uygun olarak geçmiş deneyimlerimden yola çıkıyor ve her seçeneğe belli bir değer biçiyorum. Hepimizin yaptığı gibi, zihnimdeki Hollywood stüdyolarının sunduğu imkânlarla, kurguladığım geleceklere doğru zaman yolculuğu yapıyor ve taşıdıkları değeri anlamaya çalışıyorum. Seçimlerimi yaparken yararlandığım yöntem bu: olası gelecekleri birbirleriyle kıyaslamak. Rekabet halinde olan bu olasılıkları, gelecekteki ödülle tanımlanan ortak birime ancak böyle dönüştürebiliyorum.

Her seçenek için öngördüğüm ödül değerini, bir şeyin gelecekte ne ölçüde iyi olacağı öngörüsünü depolayan bir tür iç değerlendirme olarak ele alın. Yiyecek alışverişi bana gerekli gıdaları sağlayacağı için, ona on ödül birimi kadar değer biçelim. Araştırma destek başvurusunu kaleme almak zor; ancak bu da kariyerim için gerekli olduğundan, bunun değerini de yirmi beş ödül birimi olarak belirleyelim. Oğlumla zaman geçirmek bana büyük keyif verdiğine göre, parka gitmek de elli ödül birimi değerinde olsun.

Ancak bu noktada ilginç bir ayrıntıyla karşı karşıyayız: Dünya karmaşıktır; bu nedenle iç değerlendirmelerinizi hiçbir zaman kalıcı mürekkeple yazamazsınız. Çevrenizde olup bitenlere biçtiğiniz değerler değişime açıktır; çünkü öngörüleriniz gerçekte olanlarla birçok durumda eşleşmez. Etkili öğrenmenin anahtarı, *öngörü hatası* adı verilen bu olgunun izlenmesinde yatar. Öngörü hatası, bir seçimin beklenen sonucu ile gerçekte ortaya çıkan sonuç arasındaki fark olarak tanımlanır.

Bugünün örneğine dönersek, beynim, parka gitmenin ne kadar ödüllendirici olabileceğiyle ilgili bir öngörüye sahip. Orada dostlarla karşılaşır ve tahminimden de iyi vakit geçirirsek, benzeri bir kararla yeniden karşı karşıya kaldığımda, bu seçeneğe verdiğim değer de artmış olacak. Ama salıncakların kırık olduğunu görmem ve yağmur yağması da, park seçeneğinin değerini bir sonraki sefer için düşürecek.

Bu süreç nasıl çalışır? Beyinde, görevi dünyaya ilişkin değerlendirmelerinizi sürekli güncellemek olan küçücük, eski bir sistem vardır. Bu sistem, orta beyindeki küçük hücre gruplarından oluşur ve bu hücrelerin özelliği de, dopamin adı verilen nörotransmiterin dilini konuşmalarıdır.

Beklentilerinizle gerçekliğiniz arasında bir uyuşmazlık olduğunda, orta beyindeki bu dopamin sistemi, durum için biçilen değeri yeniden değerlendirmeye yarayan bir sinyal yayınlar. Bu sinyal sistemin geri kalanına, işlerin beklenenden iyi mi (dopamin düzeyinin aniden fırlamasıyla) yoksa kötü mü (dopamin düzeyinin düşmesiyle) sonuç verdiğini bildirir. Beynin geri kalanı da bu öngörü hata sinyalinin etkisiyle beklentilerini, bir dahaki sefere gerçekliğe daha yakın olacak şekilde ayarlayabilir. Dopamin, bir hata düzeltici; değerlendirmelerinizi mümkün olduğunca güncel halde tutan kimyasal bir değer biçme uzmanıdır. Dopaminin de etkisiyle, kararlarınızı, gelecekle ilgili gözden geçirilmiş tahminler temelinde öncelik sırasına koyabilmektesinizdir.

Beyin temel olarak beklenmedik sonuçları algılamaya ayarlanmıştır. Bir hayvanın uyum sağlama ve öğrenme yeteneğinin temelinde bu duyarlık yatar. Öyleyse, deneyimle öğrenme sürecinde devreye giren beyin mimarisinin bal arılarından insanlara kadar bütün türlerde aynı olması, şaşırtıcı sayılmaz. Bu durum, ödüller aracılığıyla öğrenmeye ilişkin temel ilkelerin birçok canlı beyni tarafından çok önceleri keşfedilmiş olduğunu gösterir.

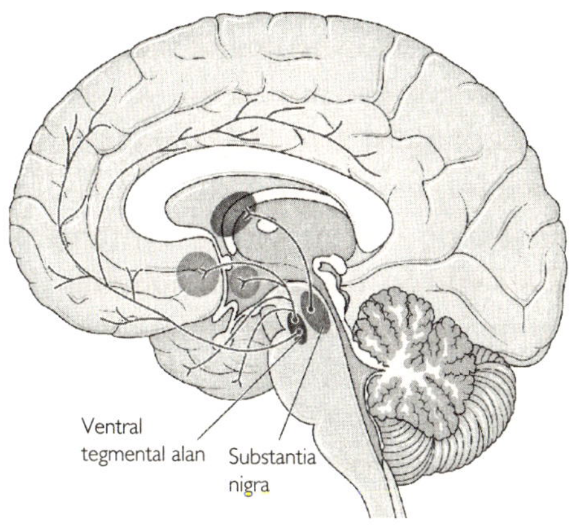

Karar vermede devreye giren dopamin salgılayıcı nöronlar, "ventral tegmental alan" ve "substantia nigra" adı verilen çok küçük iki beyin bölgesinde yoğunlaşmıştır. Boyutlarının küçüklüğüne rağmen geniş etki alanına sahip olan bu iki bölge, bir kararın öngörülen değerinin gerçeğe göre fazla yüksek ya da fazla düşük çıkması durumunda, gerekli güncellemeleri yayınlamaktan sorumludur.

ŞİMDİ'NİN GÜCÜ

Farklı seçeneklere nasıl değer yüklendiğini gördük. Ancak, sağlıklı karar vermeye sıklıkla engel olabilen bir ayrıntı daha vardır: Hemen ulaşabileceğimiz seçeneklere, simüle etmekle kaldığımız seçeneklerden daha fazla değer atfetme eğilimindeyizdir. Gelecekle ilgili sağlıklı karar verme sürecinin takıldığı engel, şimdiki zamandır.

2008'de ABD ekonomisi keskin bir düşüşe girmişti. Sorunun özü ise, birçok ev sahibinin gereğinden fazla borçlanmış olmasıydı. Verilen kredilerin faiz oranları ilk birkaç yıl boyunca son derece düşüktü. Sorun, bu sürenin sonunda, oranların birden fırlamasıyla baş gösterdi. Ev almış olan birçok kişinin bu yüksek oranlar karşısında ödeme yapamaması sonucunda, bir milyona yakın sayıda eve haciz geldi ve kısa sürede bütün gezegenin ekonomisi artçı dalgalardan nasibini aldı.

Bu felaketin, beyindeki rakip ağlarla ilgisi ne olabilirdi? Bu şekilde verilen krediler, insanlara istedikleri evi hemen sağlıyor, ödemelerin sonradan yapılmasına olanak tanıyordu. Böyle bir fırsat, anlık memnuniyet peşinde koşan, yani bir şeyleri "hemen şimdi" isteyen nöral ağlara kusursuz biçimde hitap etmekteydi. Anlık hazzın kışkırtıcılığı vereceğimiz kararı öylesine güçlü biçimde etkiler ki, emlak sektöründe patlak veren krizi yalnızca ekonomik değil, nöral bir olgu olarak da ele almak gerekir.

Şimdi'nin çekim gücü, sadece krediyle borçlananlar için söz konusu değildi elbette. Krediyi veren kuruluşlar da, ileride ödenmeyecek krediler pazarlayarak, "şimdi" zengin oluyorlardı; verdikleri kredileri paketleyip satıyorlardı. Bunlar etik uygulamalar olmasa da, binlerce kişi için reddedilemeyecek ölçüde baştan çıkarıcı oldukları kesindi.

Yalnızca ekonomik krizler için geçerli olmayan bu şimdi-gelecek mücadelesi, yaşamımızın birçok farklı kesitinde kendini gösterir. Araba bayilerinin test sürüşü yapmanızda ısrar etmeleri, satıcıların eşyalara dokunmanızı istemeleri hep bu yüzdendir. Yaptığınız zihinsel simülasyonlar, "burada ve şimdi" gerçekleşen bir deneyimle yarışamaz.

Gelecek, beyin için olsa olsa şimdinin soluk bir gölgesi olabilir. Şimdinin gücü, insanların neden o an için kendilerini iyi hissettirip ileride tatsız sonuçlar yaratabilecek kararlar aldıklarını açıklar. Yapmamaları gerektiğini bildikleri halde içki ya da madde alan insanlar, yaşamlarından yıllar götürebileceğini bildikleri halde anabolik steroid kullanan sporcular, yeni bir ilişkinin cazibesine kapılan evli çiftler...

Şimdinin kışkırtıcı cazibesine karşı koyabilmek için yapabileceğimiz bir şey var mıdır? Evet, vardır. Beyindeki rakip sistemler sayesinde. Şöyle düşünün: Bazı şeyleri yapmanın zor geldiğini hepimiz biliriz. Spor salonuna düzenli olarak gitmek gibi. Formda olmak istesek de, iş salona gitmeye gelince, önümüzde her zaman yapılacak daha zevkli şeyler vardır. O an yapabileceğimiz şeyin cazibesi, geleceğe ait soyut bir zindelik kavramından daha güçlü olacaktır. Öyleyse bir çözüm önerelim: Spor salonuna gitmeyi garanti altına almak istiyorsanız, bundan 3.000 yıl önce yaşamış bir kişi, size esin kaynağı olabilir.

ŞİMDİ'NİN GÜCÜYLE BAŞETMEK: ODYSSEUS ANLAŞMASI

Bu kişi, spor salonu senaryosunun çok daha uç bir örneğini yaşamıştı. Yapmak istediği bir şey vardı; ama zamanı geldiğinde şeytana karşı koyamayacağının da farkındaydı. Mesele, onun için fiziğini korumak değil, hayatını büyüleyici güzellikteki bir grup genç kızın gazabından kurtarmaktı.

Truva Savaşı'ndan zaferle çıkmış ve yurduna geri dönmekte olan efsanevi kahraman Odysseus'tan söz ediyoruz. Odysseus, yaptığı bu uzun yolculuğun bir noktasında, gemisinin kısa süre sonra muhteşem güzellikteki Sirenlerin yaşadığı adanın önünden geçeceğini fark etmişti. Sirenler, denizcilerin aklını başından alan büyüleyici güzellikte şarkılar söylemeleriyle ün yapmışlardı. Ancak sorun şuydu ki, Sirenlerin cazibesine karşı koyamayan denizciler onlara ulaşmaya çalışırken, gemileri kayalara çarpıp parçalanırdı.

Bu efsanevi şarkıları dinlemek için Odysseus da dizginlenemez bir istek duyuyor, ancak bu arada kendisi ve tayfasının ölümüne neden olmak da istemiyordu. Bunun üzerine bir plan yaptı. Müziği duyduğunda, gemisini adanın kayalıklarına doğru sürme dürtüsüne karşı koyamayacağını biliyordu. Sorun şimdiki akılcı Odysseus değil, gelecekteki Odysseus'tu: Sirenlerin müziğini işittiği anda dönüşeceği, aklını yitirmiş bir Odysseus. Adamlarına, kendisini gemi direğine sıkıca bağlamalarını emretti. Kendileri de kulaklarını balmumuyla tıkayacak ve böylece Sirenlerin şarkılarını duymayacaklardı. Gemiyi yönlendirirken, Odysseus'un bütün yalvarmalarını, haykırışlarını ve çırpınmalarını görmezden gelmek üzere kesin emir almışlardı.

Odysseus, gelecekteki kendisinin doğru kararları verecek durumda olmayacağının farkındaydı. Aklı başındaki Odysseus, bu nedenle her şeyi öyle bir ayarladı ki, yanlış adımı atması artık mümkün olamazdı. İşte bütün bunlara bağlı olarak, şimdiki ve gelecekteki kendiniz arasında yapacağınız bu türden pazarlıklar, Odysseus anlaşması olarak anılagelmişlerdir.

Spor salonuna gitme örneğine dönersek, benim yaptığım basit Odysseus anlaşması, bir arkadaşımla orada buluşmak üzere önceden sözleşmekten ibarettir. Bu sosyal anlaşmaya bağlı kalmak yönünde hissettiğim baskı, beni o direğe bağlayan etkendir. Bir kez aramaya koyulduğunuzda, bu Odysseus anlaşmalarıyla çevrelenmiş olduğunuzu fark edersiniz. Final sınavları haftasında birbirlerine Facebook şifrelerini veren üniversite öğrencileri, örneklerden yalnızca biridir. Her biri, diğerinin şifresini değiştirir ve böylece finaller bitene kadar ikisi de Facebook'a giriş yapamazlar. Rehabilitasyon programlarına katılan alkol bağımlıları için önerilen ilk adım, evlerini alkollü içkilerden bütünüyle temizlemek ve böylece kendilerini zayıf hissettiklerinde önlerinde onları ayartacak bir şey bırakmamaktır. Kilo sorunu olan bazı insanlar da mide hacimlerini küçültme yoluna giderek, fazla yemenin önüne fiziksel bir engel koymuş olurlar. Odysseus anlaşmasının biraz farklı bir uygulamasında ise öyle bir ayarlama yapılır ki, insanlar verdikleri sözden dönmeleri durumunda karşı oldukları bir kuruluşa belirli bir para bağışında bulunurlar. Örnek vermek gerekirse, hayatı boyunca hak eşitliği için mücadele etmiş bir kadın, Ku Klux Klan için yüklüce bir çek yazmış ve arkadaşına tek bir sigara daha içerse çeki örgüte göndermesini sıkı sıkıya tembih etmişti.

Bütün bu örneklerin ortak yönü, insanların, gelecekte istenmeyen şekilde davranmamak için, şimdiki zamanda bazı ayarlamalar yapmış olmalarıdır. Çünkü kendimizi direğe sıkıca bağladığımızda, şu anın ayartıcı gücüne karşı koyma şansımız vardır. Bu, olmak istediğimiz insan tipiyle daha uyumlu bir davranış sergilememizi sağlayan küçük bir oyundur. Odysseus anlaşmasının anahtarı, farklı koşullarda farklı insanlar olduğumuzu kabul etmektir. Daha iyi kararlar vermek için, yalnızca kendinizi değil, sahip olduğunuz bütün kimlikleri tanımanız önemlidir.

KARAR VERMENİN GÖRÜNMEZ MEKANİZMALARI

Kendinizi tanımak, mücadelenin yalnızca bir kısmıdır; verdiğiniz mücadelelerin sonucunun her zaman aynı olmayacağını bilmeniz de önemlidir. Bir Odysseus anlaşmasının yokluğunda bile, spor salonuna gitmek için bazen daha fazla, bazen daha az hevesli olursunuz. Bazen iyi kararlar verirsiniz, bazen de sahip olduğunuz nöral parlamento sonradan pişman olacağınız bir kararda oy çokluğu sağlar. Peki ama neden? Çünkü sonuç, vücudunuzun bir saati diğerini tutmayan genel durumunu belirleyen birçok değişken etkene bağlıdır. Bir örnek verelim: Cezaevinde kalmakta olan iki hükümlünün, şartlı tahliye kurulunun önüne çıkması planlanmış. Hükümlülerden biri kurulun huzuruna 11.27'de çıkıyor. Suçu dolandırıcılık, ceza süresi ise otuz ay. Diğer hükümlünün kurul önüne çıktığı saat ise 13.15. Suçu ve ceza süresi, birinci hükümlüyle aynı.

İlk hükümlünün şartlı tahliyesine izin verilmezken, karar, ikinci hükümlü için olumlu. Neden? Kararda etkili olan şey ne? Irk mı? Görünüş mü? Yaş mı?

Bin yargı kararının ele alındığı 2011 tarihli bir çalışmaya göre ana etken, yukarıda sıralananlardan herhangi biri değil, daha çok açlıktı. Bir hükümlünün şartlı tahliye şansı, kurulun yemek molasının hemen sonrasına denk gelmesi durumunda en yüksek değer olan yüzde 65'e çıkıyor, ama bir oturumun sonuna doğru değerlendirilen hükümlü için, en düşük değer olan yüzde 20'ye iniyordu.

Başka türlü ifade edecek olursak, farklı ihtiyaçlar önem kazandıkça, kararlardaki öncelik sıralamaları da değişir; koşulların değişmesi, değerlendirmelerin de değişmesine neden olur. Bir hükümlünün kaderi, yargıcın, biyolojik gereksinimlerine göre işleyen nöral ağlarıyla sıkı bir ilişki içindedir.

Bazı psikologlar, bu etkiyi "benlik kaynaklarının tükenmesi" (ego-depletion) olarak tanımlarlar. Buna göre, yönetsel işlevlerle ilgili üst düzey bilişsel beyin bölgeleri (prefrontal korteks gibi) yorulabilir. İrade gücü, sınırlı bir kaynaktır ve tıpkı bir depo dolusu benzin gibi, bizi ancak sınırlı bir süre idare eder. Yargıçlarla ilgili örneğe dönersek, üzerinde karar vermek durumunda oldukları vaka sayısı arttıkça (ki, bir oturumda otuz beş vaka ele almak zorunda kalabiliyorlardı), beyinleri de enerjisini o ölçüde tüketiyordu. Bir sandviç, bir parça meyve gibi bir şeyler atıştırmak ise enerji depolarını doldurmaya yetiyor ve kararlarını yönlendirmede başka güdüler daha etkili hale gelebiliyordu.

Genelde insanların akılcı birer karar mercii olduklarını; bilgiyi içselleştirip işledikten sonra makul bir yanıt ya da çözüme ulaştıklarını varsayarız. Ama işleyiş gerçekte böyle değildir. Önyargıdan kaçınmak için uğraş veren yargıçlar bile kendi biyolojileri içine hapsolmuşlardır.

Kararlarımız, eşlerimizle ilişkilerimiz temelinde de etkiye aynı ölçüde açıktır. Tek bir eşle bağ kurup yaşamak olarak tanımlanan tek eşliliği ele alalım. Bu, kültürümüz, değer yargılarımız ve ahlaki bakış açımızın devreye girdiği bir karar gibi görünür bize. Öyledir de aslında; ama karar sürecine etkiyen daha derin bir kuvvetin varlığı da söz konusudur: hormonlarınız. Özellikle de oksitosin adı verilen bir hormon, bağ kurmanın sihrine katılan en önemli bileşendir. Yakın geçmişte yapılan bir çalışmada, eşlerine âşık olan erkeklere fazladan küçük bir oksitosin dozu verilmiş ve farklı kadınları çekicilik bakımından değerlendirmeleri istenmişti. Aldıkları fazladan oksitosin sonucunda, erkekler başka kadınları değil, yalnızca kendi eşlerini daha çekici bulmuşlar, hatta oldukça çekici bir kadın araştırmacıdan fiziksel olarak uzak durma eğilimine bile girmişlerdi. Oksitosin, sonuçta kendi eşlerine olan bağlılıklarını artırmıştı.

İRADE GÜCÜ: SINIRLI BİR KAYNAK

Vermek zorunda olduğumuzu hissettiğimiz kararlar için epeyce enerji harcarız. Doğru yoldan ayrılmamak, sıklıkla irade gücümüze; o kurabiyeyi reddetmemizi (en azından ikinci kurabiyeyi reddetmemizi) ya da güneşte dolaşmak varken elimizdeki işi bitirmemizi sağlayan içsel güce başvurmamıza bağlıdır. İrade gücümüzün zayıfladığını hepimiz hissetmişizdir. Uzun ve yorucu bir iş gününün sonunda verdiğimiz kararlar pek de sağlıklı sayılmaz çoğunlukla. Kimi zaman yememiz gerekenden daha fazla yerken, kimi zaman da bir işi tamamlamak yerine televizyon seyrederken buluruz kendimizi.

Psikolog Roy Baumeister ve meslektaşları da, bu durumu mercek altına almak üzere kolları sıvadılar. Yaptıkları çalışmada, üzücü bir film izlettirilen gönüllülerin yarısından normalde verecekleri tepkileri vermeleri, diğer yarısından da duygularını bastırmaları istendi. Filmden sonra hepsine birer el egzersizi aleti verildi ve bunu mümkün olduğunca uzun süreyle sıkmaları istendi. Duygularını bastıran grup daha çabuk pes etmişti. Neden? Çünkü kişinin kendini kontrol etmesi için enerji gerekir; bu da yapacağımız bir sonraki iş için daha az enerjimiz kaldığı anlamına gelir. Kışkırtılmaya direnmek, zor kararlar vermek ya da inisiyatif kullanmak gibi çabaların görünüşte aynı enerji kaynağını tüketmesinin nedeni de budur. Öyleyse irade gücü yalnızca kullandığımız değil, tükettiğimiz bir şeydir de aynı zamanda.

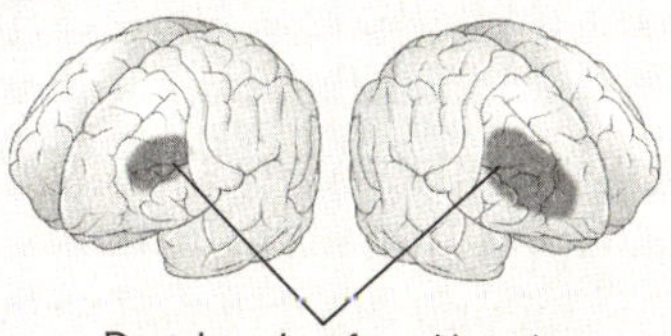

Dorsolateral prefrontal korteks

İnsanlar, önlerindeki yiyeceklerden daha sağlıklı olanlarını seçtiklerinde ya da gelecekte elde edilecek daha iyi bir sonuç uğruna küçük bir ödülden vazgeçtiklerinde dorsolateral prefrontal korteks etkinleşir.

Bizi bağ kurmaya yönlendiren oksitosin gibi kimyasallara neden sahibiz peki? Evrimsel açıdan baktığımızda, aldığı biyolojik talimatlar doğrultusunda genlerini olabildiğince geniş bir alana yayması beklenen bir erkek bireyin tek eşlilikten uzak durması, akla daha uygun değil mi? Öyle görünse de, yavruların sağkalımı açısından baktığımızda, iki ebeveyne sahip olmak, tek ebeveyne sahip olmaktan daha avantajlıdır. Bu basit gerçek öylesine önemlidir ki, beyin, kararlarınızı bu yönde etkilemek için gizli yollardan yararlanır.

KARARLAR VE TOPLUM

Karar verme sürecinin iyi bir şekilde anlaşılması, daha iyi toplumsal politikaların geliştirilmesine olanak tanır. Sözgelimi, her birimiz dürtülerimizi denetlemek için kendimizce bir yol geliştirmişizdir. Çünkü işler aşırıya vardığında, kendimizi dürtülerimizin anlık tutkularının birer kölesi olarak bulabiliriz. Bu açıdan baktığımızda, Uyuşturucuyla Savaş gibi toplumsal girişimler hakkında daha kapsamlı bir anlayışa sahip olabiliriz.

Madde bağımlılığı suç, düşük üretkenlik, zihinsel hastalıklar, hastalık bulaştırma –ve daha yakınlarda da, giderek kabaran cezaevi nüfusu– gibi durumlara yol açan eski bir toplumsal sorundur. On hükümlüden yaklaşık yedisi madde kullanımı ya da bağımlılığı için belirlenen ölçütlere uymaktadır. Bir çalışma, hükümlülerin yüzde 35,6'sının, suç işledikleri sırada madde etkisi altında olduğunu göstermiştir. Madde istismarı, çoğunlukla da uyuşturucuya bağlı suçlar temelinde, on milyarlarca dolarlık harcamalara da neden olur.

Birçok ülke madde bağımlılığı sorunuyla baş etmek için bunu yasa dışı ilan etme yoluna gitmiştir. Bundan birkaç onyıl önce, uyuşturucuya bağlı suçlardan hapis cezası alan Amerikalıların sayısı 38.000 civarındaydı. Bugün bu sayı yarım milyondur. Bu durum, ilk bakışta Uyuşturucuyla Savaş'ta bir başarı gibi görünse de, kitlesel cezalar, aslında uyuşturucu ticaretini yavaşlatmış değildir. Çünkü parmaklıklar arkasında yatanlar kartel patronları, mafya babaları ya da üst düzey tacirler değil, üzerlerinde az miktarda, genellikle de iki gramın altında uyuşturucuyla yakalanan kullanıcılar ve bağımlılardır. Hapse tıkılmak, bu kişilerin sorununu çözmediği gibi, daha da beter hale getirir.

ABD'de uyuşturucuyla bağlantılı suçlardan hapis cezası almış kişiler, Avrupa Birliği'ndeki bütün hükümlülerin toplamından fazladır. Sorun şu ki, hapis cezası madde kullanımını yeniden tetikleyerek kişinin yeniden ceza almasına, dolayısıyla da oldukça pahalıya patlayan bir kısırdöngüye neden olur. İnsanların toplumsal çevrelerinden soyutlanmaları ve yeni iş olanaklarının ortadan kalkması, bağımlılığa güç katan etkenlerdir.

ABD'de her yıl Uyuşturucuyla Savaş için harcanan para 20 milyar dolar civarındayken, küresel toplam da 100 milyar doların üzerindedir. Ancak bu yatırım işe yaramadığı gibi, mücadelenin başlangıcından bu yana madde kullanımı da artmıştır. Bunca harcama neden başarısızlıkla sonuçlanmıştır? Madde teminiyle ilgili sorun, bir taraftan bastırdığınızda diğer tarafından şişen bir su balonu gibi olmasıdır. Bu nedenle arzı engellemek yönünde bir saldırıda bulunmak yerine, talebin üzerine eğilmek daha iyi bir stratejidir. Madde talebinde bulunan merci ise, bağımlının beynidir.

Madde bağımlılığının yoksulluk ve akran baskısıyla tetiklendiğini iddia edenler vardır. Bunların etkisi yadsınamaz; ancak meselenin özü, beynin biyolojisinde yatar. Laboratuvar deneyleri, sıçanların bir kola sürekli olarak vurarak, yiyecek ve sudan olma pahasına kendilerine kimyasal madde temin edebildiklerini göstermiştir. Sıçanların bunu yapma nedeni ne para sorunu ne de toplumsal baskıdır. Neden, söz konusu kimyasalların, beyinlerindeki temel ödül devrelerini harekete geçirmesidir. Kimyasallar, bu kararın alabileceği bütün karardardan daha iyi olduğunu beyne etkili biçimde söylemektedir. Mücadeleye, kimyasala direnme gereğinin bütün nedenlerini temsil eden başka beyin alanları da katılabilir. Ama bağımlı bir kişi için kazanan, her zaman o belirli kimyasala açlık duyan ağ olacaktır. Madde bağımlılarının büyük çoğunluğu alışkanlıklarından kurtulmak istese de bunu yapamaz ve hayatlarına dürtülerinin tutsağı olarak devam ederler.

Madde bağımlılığında sorun beyinde olduğundan, çözümün de orada olması akla uygundur. Bu yöndeki yaklaşımlardan biri, dürtü kontrolünde daha etkili bir değişim yaratmak, bunun bir yolu da cezanın kesinlik ve hızını artırmaktır. Sözgelimi, uyuşturucu suçlularının haftada iki gün uyuşturucu testine girmeleri istenip, kullanımın tespiti halinde de zaman geçirmeden ve otomatik olarak hapis cezası almaları sağlanabilir.

Bu yolla, her şey yalnızca uzak soyutlamalara kalmamış olur. Paralel olarak, bazı ekonomistler de ABD'de 1990'ların başından itibaren düşen suç oranlarının, kısmen de olsa sokaklardaki polis sayısının artışına bağlarlar. Beynin diliyle ifade edecek olursak, polis görüntüsü uzun dönemli sonuçları tartan ağları harekete geçirmektedir.

Benim laboratuvarımda ise, potansiyel olarak etkili bir başka yaklaşım üzerinde çalışmaktayız. Çalışma kapsamında, beynin görüntülenmesi sırasında katılımcılara gerçek-zamanlı geribildirim sağlıyor ve kokain bağımlılarının kendi beyin etkinliklerini izleyip bunları denetlemeyi öğrenmelerini hedefliyoruz.

Sizi katılımcılardan biri olan Karen ile tanıştırayım. Karen oldukça canlı, neşeli ve zeki bir kişi; ayrıca elli yaşına rağmen gençlere özgü bir enerjiye de sahip. Yirmi yıldan uzun süredir taş kokain bağımlısı olan Karen, bu maddenin hayatını mahvettiğini, kokain eğer hemen erişebileceği bir yerdeyse, onu kullanmaktan başka seçeneği olmadığını söylüyor. Laboratuvarımda yürüttüğümüz deneyler kapsamında Karen'ı da beyin tarama (fMRI olarak da bilinen işlevsel manyetik rezonans görüntüleme) cihazına yerleştiriyor ve ona taş kokain resimleri gösterirken dürtülerini harekete geçirmesini istiyoruz. Onun için hiç de zor olmayan bu iş, beyninin "şiddetli istek ağı" olarak özetlediğimiz belirli bölgelerini etkinleştiriyor. Sonraki talimatımız, duyduğu bu şiddetli isteği baskılaması. Ona taş kokainin kendisi için nelere mal olduğunu düşünmesini istiyoruz: mali açıdan, ilişkiler açısından, iş açısından. Bu talimat, bu sefer de "baskılayıcı ağ" olarak özetlediğimiz başka beyin bölgelerini harekete geçiriyor. İstek ve baskılama ağları, üstünlük için sürekli bir mücadele halinde; herhangi bir anda hangisinin galip geldiği, Karen'ın, kendisine kokain sunulduğunda atacağı adımı belirleyecek.

Görüntüleme cihazında devreye giren hızlı bilgisayımsal teknikler, kazanmakta olan ağın hangisi olduğunu; şiddetli istek ağının kısa dönemi gözeten hesaplamalarının mı, yoksa dürtüleri denetleyen baskılayıcı ağın uzun dönemi gözeten hesaplamalarının mı galip geldiğini ölçmemizi sağlıyor. Karen'a, mücadeleyi izleyebilmesi için, bir hızölçer aracılığıyla gerçek-zamanlı geribildirim de sunuyoruz bir yandan. İbre, istek ağı baskınken kırmızı alana, dürtüsünü başarıyla baskıladığında ise mavi alana kayıyor. Karen bu şekilde, ağlar arasındaki dengeyi değiştirmek için ne yapması gerektiğini keşfetmek amacıyla farklı yaklaşımlar deneyebiliyor.

Tekrar tekrar yaptığı alıştırmalarla Karen, ibreyi istediği yönde hareket ettirmenin yolunu daha iyi anlamaya başlıyor. Bunu nasıl başardığının bilincinde olabilir de, olmayabilir de; ama yinelemeli alıştırmalarla, isteğini baskılamasını sağlayan nöral ağı güçlendirmenin yolunu bulmuş durumda. Bu teknik henüz çok yeni olmakla birlikte, bir umut ışığı taşıyor: Karen kokain teklifiyle bir daha karşı karşıya kaldığında, eğer isterse, anlık dürtü ve isteğini yenebileceği bilişsel araçlara artık sahip. Bu eğitim, Karen'ı belli bir biçimde davranmaya zorlamıyor; yaptığı şey, dürtülerinin kölesi olmak yerine seçimleri üzerinde daha fazla söz sahibi olabileceği bilişsel becerileri ona sunmaktan ibaret.

Madde bağımlılığı, milyonlarca insanın karşı karşıya olduğu bir sorundur; ama bu sorunun çözüleceği yerler cezaevleri değildir. İnsan beyninin gerçekte nasıl karar aldığına ilişkin daha kapsamlı bir anlayışa sahip olmak, cezanın ötesinde yeni yaklaşımlar geliştirmemizi sağlayacaktır. Beyinde işleyen süreçleri daha iyi kavradıkça, davranışlarımızı da isteklerimizle daha uyumlu biçimde ayarlayabiliriz.

Daha genel bir çerçeveden bakarsak, karar verme süreçlerine aşina olmak, ceza hukuku sisteminin bazı yönlerinde iyileştirmeler yapılmasına, hem daha insancıl hem de daha uygun maliyetli politikaların geliştirilmesine olanak tanıyacaktır; üstelik yalnızca bağımlılık kapsamında değil, başka konularda da. Nasıl olacak derseniz: Bir kere, işe, kitlesel hapis cezasına karşılık rehabilitasyonu vurgulamakla başlamak gerekir. Bu ilk bakışta fazla hayalci bir bakış açısı gibi gelse de, aslında yaklaşımın öncülüğünü büyük başarıyla şimdiden gerçekleştirmekte olan bazı merkezlerin varlığından söz edelim. Bunlardan biri, Madison, Wisconsin'de bulunan Mendota Gençler İçin Tedavi Merkezi.

Mendota'da bulunan on iki ila on yedi yaş arası gençlerin önemli bir bölümü, normalde müebbet hapis cezasını gerektirecek suçlar işlemiş. Aynı suçlar Mendota için giriş bileti niteliğinde. 1990'ların başında, sistemin artık gözden çıkarmış olduğu gençlerle çalışmak için yeni bir yaklaşım sunmak üzere başlatılan program, özellikle de onların gelişmekte olan genç beyinlerine odaklı. 1. Bölüm'de gördüğümüz gibi, prefrontal korteksin tümüyle gelişmemiş olması, kararların çoğunlukla gelecek gözetilmeksizin ve dürtüsel olarak verilmesine neden olur. Mendota'da rehabilitasyon için benimsenen yaklaşım, işte bu gerçekten yola çıkılarak oluşturulmuştu. Program, çocuk ve gençlerin kendilerini kontrol etme becerisini geliştirmek amacıyla bir kılavuzluk, danışmanlık ve ödül sisteminden yararlanıyor. Kullanılan önemli bir teknik ise, herhangi bir karara varmadan önce biraz durup, kararın gelecekteki sonuçlarını düşünmelerini istemek. Bu, onları olasılıklar üzerinde simülasyonlar yapmaya ve böylece dürtülerin anlık tatminine baskın gelecek nöral ağları güçlendirmeye teşvik eden bir yöntem.

Dürtüleri kontrol etmede yetersizlik, cezaevinde kalan suçluların çoğu için geçerli, ayırıcı bir özelliktir. Yasalara karşı gelen insanların önemli bir bölümü, doğru ve yanlış eylemler arasındaki farkı genellikle bilir, ceza sisteminden gelecek tehdidi de üzerlerinde hissederler. Ancak zayıf dürtü denetiminin tutsağı olmuşlardır. Pahalı bir çantayla dolaşan yaşlıca bir kadın gördüklerinde, fırsattan yararlanmak dışındaki seçenekleri gözden geçirmek için duraklamazlar bile. Onlar için şimdi'nin cazibesi, gelecekle ilgili herhangi bir düşünceye baskın gelecektir.

Günümüzde geçerli ceza sistemi kişilerin istemli davranışları ve bununla ilgili suçlamalara dayansa da, Mendota, farklı seçeneklerin de göz önüne alındığı bir deney merkezi konumundadır. Toplumların, cezaya ilişkin kökleşmiş yönelimlere sahip oldukları yadsınamaz belki; ama kararlarda devreye giren nörobilimsel etkilerle daha yakından ilişkili, farklı bir ceza hukuku sistemi de pekâlâ geliştirilebilir. Böyle bir sistem kimseyi cezasız bırakmayacak, ancak yasalara karşı gelenlerle mücadele ederken, onları geçmişleri yüzünden silmek yerine, geleceklerini de gözetecektir. Toplumsal kuralları yıkan insanların, toplumun güvenliği adına sokaklardan alınmaları gerekir; ama cezaevinde olup bitenler yalnızca suçludan intikam almaya değil, kanıta dayalı ve anlamlı bir rehabilitasyon sürecine de dayanmalıdır.

Karar verme eylemi, her şeyin temelini oluşturur: kim olduğumuzun, ne yaptığımızın, çevremizdeki dünyayı nasıl algıladığımızın. Seçenekleri tartma becerisinden yoksun olsaydık, en ilkel dürtülerimizin tutsağı olarak yaşayabilirdik ancak. Ve ne şu anı akıllıca yönlendirebilir, ne de geleceğimizi planlayabilirdik. Tek bir kimliğe sahip olduğumuz halde tek bir zihne sahip değilizdir; birbiriyle rekabet halindeki birçok güdünün birer toplamı olarak yaşarız. Kendimiz ve toplumumuz için daha iyi kararlar vermemiz ise, seçeneklerin beyinde birbiriyle girdiği mücadeleyi anlamamıza bağlıdır.

5

SİZE İHTİYACIM VAR MI?

Beyniniz, normal biçimde işlev görmek için nelere ihtiyaç duyar? Yedikleriniz, aldığınız besinler, soluduğunuz oksijen, içtiğiniz suyun ötesinde, en az bunlar kadar önemli bir şey daha vardır: Beyin, başka insanlara da ihtiyaç duyar. Normal beyin işlevleri bizi saran toplumsal ağlara bağlıdır. Nöronlarımızın hayata tutunup serpilmesinde, başka insanlara ait nöronlar da önemli rol oynar.

BİR YARIMIZ, BAŞKA İNSANLAR

Günümüzde, gezegen üzerinde oradan oraya dolaşan yedi milyarın üzerinde insan beyni vardır. Genellikle kendimizi bağımsız birer canlı olarak görsek de, beyinlerimiz, diğer beyinlerle kurduğu zengin bir etkileşim ağı içinde işler. Hatta öyle bir derecede ki, türümüzün geldiği noktayı değişken tek bir mega-organizmanın edimlerine bağlamak, akla hiç de aykırı sayılmaz.

Beyinle ilgili çalışmalar, genellikle izole haldeki beyinler üzerinde yürütülmüştür. Ancak bu yaklaşım, beyin devrelerinin çok büyük bir bölümünün diğer beyinlerle ilişkili olduğu gerçeğini göz ardı eder. Bizler son derece toplumsal yaratıklarız. Yaşadığımız toplumlar ailelerimiz, dostlarımız, çalışma arkadaşlarımız ve iş ortaklarımızdan başlayarak, karmaşık toplumsal etkileşim katmanları üzerine kuruludur. Her yanımız bir kurulan bir yıkılan ilişkilerle, aile bağlarıyla, saplantılı sosyal ağ kullanımıyla, zorunlu ortaklıklarla sarılmıştır.

Bu toplumsal tutkalın tümü, beyindeki belirli devreler; yani başka insanları izleyen, onlarla iletişim kuran, onların acılarını hisseden, niyetlerini değerlendiren ve duygularını okuyan dallı budaklı ağlar tarafından üretilmiştir. Toplumsal becerilerimizin kökleri, nöral devrelerin derinlerine uzanır. Bu devrelerin işleyişini anlamak ise, toplumsal nörobilim adını alan genç bir bilim dalının temelini oluşturur.

Şimdi sıralayacağım nesnelerin birbirinden ne kadar farklı olduğunu bir düşünün: tavşanlar, trenler, canavarlar, uçaklar ve çocuk oyuncakları. Aralarındaki farklara rağmen bu saydıklarımızın hepsi de popüler animasyon filmlerindeki ana karakterler olabilir; bizler de onlara belli niyetler atfetmekte zorlanmayız bile. Bir izleyicinin beyni, bu karakterlerin de bizler gibi olduklarını varsaymak için çok az ipucuna ihtiyaç duyar. Bu nedenle yaşadıkları maceralar bizi güldürebilir ya da ağlatabilir.

İnsan olmayan karakterlere niyet ve amaç atfetme eğilimi, Fritz Heider ve Marianne Simmel adlı

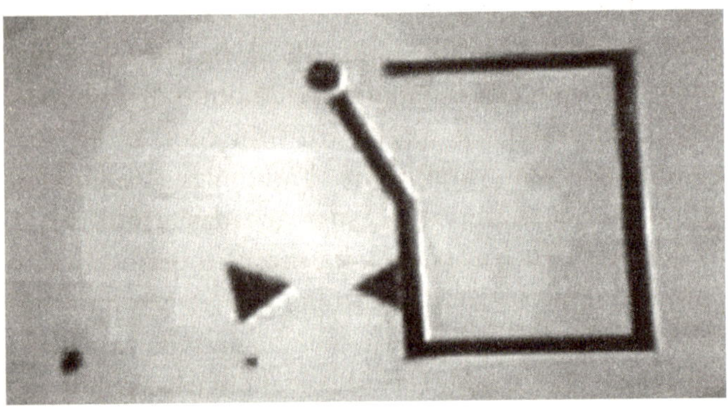

İnsanlar, hareket eden şekillere bir öykü yüklemekten kendilerini alamazlar.

psikologların 1944'te yaptıkları bir kısa filmde vurgulanmıştı. Filmde iki basit şekil –bir üçgen, bir de daire– bir araya gelir ve birbirleri çevresinde dönerler. Bir süre sonra daha büyük bir üçgen çıkagelir ve küçük üçgene çarparak onu iter. Daire, yavaşça dikdörtgen bir yapıya doğru sinsice sokulur ve dikdörtgenin açık ucunu arkasından kapatır. Bu arada büyük üçgen küçük üçgeni kovalamaktadır. Derken dikdörtgenin kapısına doğru tehditkâr bir edayla yaklaşır, kapısını iterek açar ve bu sefer daireyi kovalamaya başlar. Daire telaşla kendisine kaçacak yollar arasa da başarısız olur. Durumun tümüyle umutsuz göründüğü bir sırada küçük üçgen yine çıkagelir, kapıyı çekerek açar ve daire dışarı fırlayarak onun yanına gider. Birlikte kapıyı kapatır ve büyük üçgeni içeriye hapsederler. Burada kalakalan büyük üçgen kendini duvarlara vurmaya başlar. Dışarıda ise, küçük üçgen ve daire yine birbirleri çevresinde dönmektedir.

Bu kısa filmi seyreden insanlara gördüklerini anlatmaları söylendiğinde, oradan oraya giden basit şekillerden bahsettiklerini düşünüyor olabilirsiniz. Bütün film, ne de olsa koordinat değiştiren bir daire ve iki üçgenden ibaret çünkü.

Ama izleyicilerin anlattığı bu değildi; anlattıkları, bir aşk, kavga, kovalamaca ve zafer öyküsüydü. Heider ve Simmel bu animasyonu, çevremizde toplumsal niyet algılamaya ne kadar hazır olduğumuzu göstermek için kullanmışlardı. Gözümüze çarpan şey hareket eden şekillerden ibaret olduğu halde, bunlarda toplumsal bir hikâye biçimini almış anlam, amaç ve duygular algılarız. Nesnelere hikâye yüklemekten başkası gelmez elimizden. İnsanlar, çok eski zamanlardan beri kuşların uçuşunu, yıldızların hareketlerini, ağaçların sallanmalarını izlemiş ve amaç gözeten varlıklar olarak yorumladıkları bu nesnelerle ilgili hikâyeler uydurmuşlardır.

Bu hikâye anlatımı bir tuhaflık olmaktan öte, beyin devreleriyle ilgili önemli bir ipucudur aynı zamanda ve beynimizin toplumsal etkileşim için ne kadar hazır olduğunu gözler önüne serer. Sağkalım başarımız, ne de olsa kimin dost kimin düşman olduğuyla ilgili hızlı değerlendirmeler yapmamıza bağlıdır. Toplumsal dünyanın içinde, başkalarının niyetlerini anlamaya çalışarak yol alırız: Falanca yardımcı olmaya mı çalışıyor? Filanca hakkında endişe etmeli miyim? Acaba çıkarlarımı gözetiyorlar mı?

Beyinlerimiz sürekli olarak toplumsal yargılarda bulunur. Peki ama bu beceriyi deneyimler yoluyla mı kazanırız, yoksa doğuştan mı gelmiştir? Bunu anlamanın yollarından biri, bu özelliğin bebeklerdeki varlığını araştırmaktır. Ben de bu amaçla Yale Üniversitesi psikologlarından Kiley Hamlin, Karen Wynn ve Paul Bloom'un yaptığı bir deneyi yineleyerek, bebeklere teker teker bir kukla gösterisi izletmiştim.

Bir yaşından küçük olan bu bebekler çevrelerini yeni yeni incelemeye başlamışlardı ve yaşam deneyimleri çok azdı. Gösteriyi izlerken annelerinin kucağında oturuyorlardı. Perde açıldığında bir ördek, içinde oyuncaklar olan bir kutuyu açmak için çabalarken görülüyor, ördek kapağı tutmaya çalışsa da onu bir türlü kavrayamıyordu. Farklı renkte tişörtler giymiş iki ayı ise, onu seyretmekteydi.

Bir süre sonra ayılardan biri ördeğe yardımcı olarak onunla birlikte kutunun kenarından tutup kapağı yukarı doğru itmeye çalışıyor, bir anlığına birbirlerine sarıldıklarında kapak yeniden kapanıyordu.

Derken ördek, kapağı yeniden açmaya çalışıyordu. Olanları seyretmekte olan diğer ayı, ağırlığını kapağın üzerine vererek ördeğin başarılı olmasını engelliyordu.

Gösteri bu kadardı. Kısa ve konuşmasız olay örgüsü, ayılardan birinin ördeğe yardımcı olması, diğerinin de ona kötü davranmasından ibaretti.

Perde kapanıp yeniden açıldığında iki ayıyı da alıp izlemekte olan bebeğin yanına götürüyor, onları yukarı kaldırmakla da, bir tanesini oynamak üzere seçmesini işaret etmiş oluyordum. İlginç biçimde, Yale araştırmacılarının bulgularına da uygun olarak, bebeklerin neredeyse hepsi iyi yürekli ayıyı seçmişti. Bu bebekler yürüyemese ve konuşamasalar da, başkaları hakkında yargıda bulunmak için gerekli araçlara şimdiden sahiplerdi.

Güvenilirliğin, yılların deneyimiyle öğrendiğimiz bir olgu olduğu varsayılır çoğunlukla. Ama bu türden basit deneyler bebeklik döneminde bile, dünyada yolumuzu bulmamıza yarayacak antenlerle donanmış olduğumuzu gösterir. Beyin, kimin güvenilir olup kimin olmadığını algılamaya yarayacak içgüdülere doğuştan sahiptir.

ÇEVREMİZDEKİ İNCELİKLİ İŞARETLER

Yaşımız arttıkça, üstesinden gelmek zorunda olduğumuz toplumsal durumlar daha incelikli ve karmaşık

OTİZM

Otizm, nüfusun yüzde 1'ini etkileyen nöro-gelişimsel bir bozukluktur. Bu bozukluğun ortaya çıkmasında hem genetik hem de çevresel etkenlerin rol oynadığı anlaşılmışsa da, otizm tanısı konan bireylerin son yıllarda arttığı gözlenmiştir. Bu artışı açıklayabilecek kanıtların sayısı ise çok azdır. Otizmden etkilenmemiş insanlarda, başkalarının duygu ve düşünceleri hakkında toplumsal işaretler aramada rol alan birçok beyin bölgesi vardır. Bu beyin etkinlikleri, otizmli insanlarda aynı derecede güçlü değildir. Buna paralel olarak, toplumsal beceriler de zayıflamıştır.

hale gelir. Söz ve eylemlerin ötesinde, artık ses tonlamalarını, yüz ifadelerini, vücut dilini de yorumlamak zorundayızdır. Tartışmakta olduğumuz konuya bilinçli olarak odaklandığımız sırada, beynimizdeki düzenekler de karmaşık bilgileri işlemekle meşguldür. Bu işlemler öylesine içgüdüseldir ki, temelde hissedilmezler bile.

Bir şeyin değerini anlamanın en iyi yolu, genellikle o şeyin yokluğunda dünyanın neye benzediğini görmektir. Toplumsal beynin normal etkinliği, John Robison'ın büyürken tümüyle bihaber olduğu bir şeydi. Diğer çocuklar ona kötü davranır ve yanlarına almazdı, ama o bu açığı makine sevgisiyle kapatmıştı. Kendi ifadesiyle, bir traktörle zaman geçirebilir ve traktör onunla alay etmezdi. "Başka insanlarla arkadaş olmadan önce, makinelerle arkadaş olmayı öğrenmiştim sanırım," diye anlatıyordu John.

John'ın teknolojiye duyduğu ilgi zaman içinde, kendisine zorbalık yapanların ancak düşleyebileceği yerlere götürmüştü onu. Yirmi bir yaşına geldiğinde rock grubu KISS'in turnelerine katılıyordu artık. Ancak efsanevi bir rock kalabalığıyla çevrelenmiş olsa bile, bakış açısı diğerlerinden farklıydı. İnsanlar ona gruptaki müzisyenler hakkında soru sorup nasıl insanlar olduklarını öğrenmek istediklerinde John'ın onlara yanıtı, birbirine bağlı yedi Sun Coliseum bas amfisiyle nasıl çaldıklarını anlatmak biçiminde olurdu. Bas sisteminin 2.200 watt'lık olduğunu söyler, amfileri ve çapraz frekansları tek tek sıralar, ancak bunları kullanan müzisyenler hakkında tek kelime edemezdi. Onunki, bir teknoloji ve donanım dünyasıydı. John, kendisine otizmin bir türü olan Asperger sendromu tanısı konduğunda kırk yaşını bulmuştu.

Derken, hayatını dönüşüme uğratan bir şey oldu ve John, 2008'de bir deneye katılmak üzere Harvard Tıp Okulu'na davet edildi. Dr. Alvaro Pascual-Leone'nin liderliğindeki bir ekip, burada beynin bir bölgesinin etkinliğinin, bir başka bölgedeki etkinliği nasıl etkilediğini araştırmak üzere transkraniyal manyetik uyarım (TMU) adı verilen bir yöntemden yararlanmaktaydı. TMU cihazı, başın yakınında güçlü bir manyetik atım yayımlar; bu atım da beyinde küçük bir elektrik akımı ortaya çıkararak yerel beyin etkinliğini geçici olarak kesintiye uğratır. Deneyin amacı, araştırmacılara otistik beyin hakkında daha fazla bilgi kazandırmaktı.

TMU, John'ın daha üst-düzey bilişsel işlevlerle ilgili beyin bölgelerini hedefleyecekti. John, önce uyarımın herhangi bir etkide bulunmadığını bildirdi. Ancak daha sonraki bir seansta, araştırmacılar TMU'yu dorsolateral kortekse uyguladılar. Burası, esnek düşünme ve soyutlamayla ilgili, evrimsel olarak da görece yeni bir beyin bölgesidir. John, uygulamanın ardından kendisini daha farklı hissettiğini söyledi.

John, Dr. Pascual-Leone'yi arayarak, uyarım etkilerinin kendisinde bir şeyleri "serbest bıraktığını" hissettiğini söyledi. Bu etki, bildirdiğine göre deney süresinin ötesine taşmıştı. John için toplumsal dünyaya yepyeni bir pencere açılmıştı artık. Deneyden önce insanların yüz ifadelerinden yayılan mesajların farkına bile varmadığı halde, deneyden sonra bu mesajları algılayabilir hale gelmişti. John'a göre, dünyayla ilgili deneyimleri artık bambaşka bir boyut kazanmıştı. Pascual-Leone ise bu etkiler konusunda kuşkuluydu. TMU etkileri ancak birkaç dakikadan birkaç saate kadar sürdüğüne göre, John'da gözlenen etkiler gerçekse bunlar fazla uzun sürmese gerekti. Ancak araştırmacı, neler olup bittiğini tümüyle anlamasa da, uyarımın John'da temel bir değişiklik yarattığını kabul ediyor.

John ise bu yeni toplumsal dünyayı artık siyah-beyaz olarak değil, bütün renkleriyle görüyor ve daha önce hiç fark etmemiş olduğu yeni bir iletişim kanalı var karşısında. John'ın hikâyesi, otizm ve ilgili bozukluklar için yeni tedavi teknikleri konusunda bir umut ışığı yakmakla kalmıyor; uyanık olduğumuz her an perde arkasında işleyen, toplumsal iletişime adanmış bilinçdışı mekanizmaların (yüz ifadelerinin yanı sıra, işitsel ve diğer duyusal verilerin sunduğu ince ipuçlarına dayanarak, başkalarının duygularını sürekli biçimde çözümleyen beyin devrelerinin) önemini de ortaya koyuyor.

"İnsanların öfkeden kudurduklarında verdikleri işaretleri tanıyordum," diye açıklıyor John. "Ama daha belli belirsiz ve incelikli ifadeleri soracak olursanız –*çok şekersin* ya da *benden ne sakladığını merak ediyorum* ya da *bunu yapmayı gerçekten çok isterim* ya da *keşke şunu yapsan* gibi– bunlar hakkında en ufak bir fikrim yoktu."

Beyin devrelerimiz yaşamımızın her anında, yüz ifadelerinin sunduğu son derece belli belirsiz ipuçlarından yola çıkarak başkalarının duygularını çözümler. Yüzleri bu kadar hızlı ve otomatik biçimde nasıl okuduğumuzu daha iyi anlamak için, ben de bir grup insanı laboratuvarıma davet ettim. Yüz ifadelerindeki küçük değişimleri ölçebilmek amacıyla, biri alına biri de yanağa olmak üzere, katılımcıların yüzlerine iki elektrot yerleştirdik; ardından yüz fotoğraflarına bakmalarını istedik.

Katılımcıların, örneğin gülümseyen ya da somurtan birinin fotoğrafına baktıklarında, kendi yüz kaslarının da –çoğunlukla da belli belirsiz biçimde– kıpırdadığına işaret eden kısa dönemli elektriksel etkinlikler ölçümleyebildik. Bunun nedeni, yansıtma (mirroring) adı verilen bir olguydu. Katılımcılar, görmekte oldukları yüz ifadelerini taklit etmek için, otomatik olarak kendi yüz kaslarından yararlanıyorlardı. Kas hareketleri doğrudan seçilemeyecek kadar küçük olsa da, fotoğraftaki gülümseme, katılımcının gülümsemesiyle yansıtılmaktaydı. Çünkü, kasıtlı olarak yapmasalar da, insanlar birbirini taklit ederler.

Bu yansıtma ve taklit olgusu, ilginç bir gerçeğe ışık tutar: Uzun süre evli kalan çiftler, birbirlerine benzemeye başlarlar; üstelik süre uzadıkça, bu etki de kendisini daha güçlü biçimde gösterir. Araştırmalara göre bunun tek nedeni aynı giyim ya da saç stillerini benimsemeleri değildir. Bu insanlar, birbirlerinin yüz ifadelerini o kadar uzun bir süre boyunca taklit etmişlerdir ki, yüzlerindeki kırışıklıklar zamanla aynı biçimi almaya başlamıştır.

Bu yansıtma eğiliminin nedeni nedir? Bir amaca hizmet eder mi? Bu soruların yanıtını bulmak için laboratuvarıma bir grup katılımcıyı daha davet ettim. Bu grubun özellikleri de birinci gruptakilere benziyordu; ama tek bir farkla: Yeni katılımcılar, gezegendeki en öldürücü toksine maruz bırakılmıştı. Bu nörotoksinden bir iki damla yutmanız bile, beyninizin kaslarınıza kasılma emrini verememesine ve sonuçta felçten (özellikle de diyafram hareketlerinin kesilmesine bağlı olarak, havasızlıktan) ölmenize neden olur. Bu bilgiler ışığında, insanların bunu enjeksiyon yoluyla almak için bir de üstüne para vermesi pek mümkün görünmese de, yaptıkları tam olarak budur. Çünkü sözünü ettiğimiz, bir bakteriden elde edilen Botulinum toksinidir ve bu toksin de Botox adıyla pazarlanmaktadır. Yüz kaslarına enjekte edilen Botox, kasların felç olmasına yol açarak kırışıklıkların azalmasını sağlar.

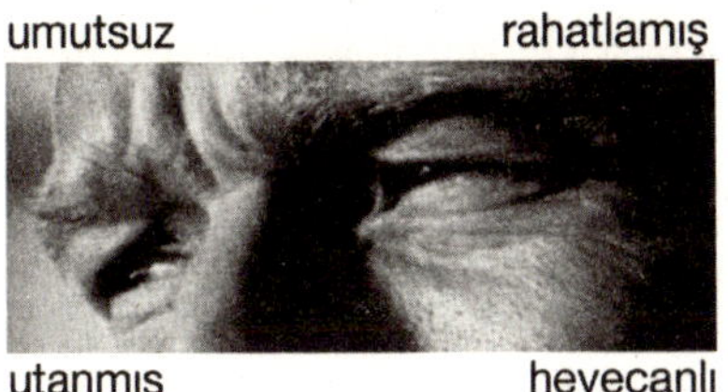

Gözlerden Zihin Okuma testinde (Baron-Cohen ve diğ., 2001) katılımcılara çeşitli yüz ifadelerinin hâkim olduğu ve her birine dört sözcüğün eşlik ettiği otuz altı fotoğraf gösterilir.

Kozmetikteki etkileri yanında, Botox'un daha az bilinen bir yan etkisi de vardır. Deneyimizde Botox kullanıcıları aynı fotoğraflara baktıklarında, yüz kasları elektromiyogramda daha az taklit özelliği göstermişti. Bu bir sürpriz değildi elbette, çünkü kaslarını bilerek zayıflatmıştık. Asıl sürpriz, ilk olarak 2011'de David Neal ve Tanya Chartrand tarafından bildirilen başka bir şeydi. Onların da deneylerinde yapmış olduğu gibi, her iki gruba (Botox'lu ve Botox'suz) da belirli yüz ifadelerini yansıtan fotoğraflar gösterdik ve dört sözcükten hangisinin yüzdeki duyguyu en iyi ifade ettiğini sorduk.

Ortalamada, Botox'lu katılımcılar, fotoğraflardaki duyguları belirlemede diğerlerinden daha başarısız olmuştu. Ama neden? Bir varsayıma göre, yüz kaslarından gelmesi gereken geribildirimin eksikliği, başka insanları okuma becerilerini olumsuz yönde etkilemişti. Botox kullanıcılarının görece hareketsiz yüzlerinin, onların duygularını anlamada zorluk yarattığını biliyoruz. Bu noktada asıl sürpriz, aynı donuk kasların, onların da başkalarını okumalarını zorlaştırmasıydı.

Bu sonucu şöyle de düşünebiliriz: Benim yüz kaslarım, ne hissettiğimi yansıtır; sizin nöral mekanizmalarınız ise bu durumdan yararlanır. Ne hissettiğimi anlamaya çalıştığınızda yaptığınız şey, benim yüz ifademi yansıtmaktır. Bunu bilerek yapmazsınız; her şey otomatik ve hızlı biçimde gelişir. Ama yüz ifademi otomatik olarak taklit etmeniz, hissetmekte olabileceğim şeyler hakkında hızlı bir tahminde bulunmanızı sağlar. Bu süreç, beni daha iyi anlamanız ve ne yapabileceğim konusunda daha iyi bir öngörüde bulunabilmeniz için, beyninizin yararlandığı güçlü bir numaradır. Ve öyle anlaşılıyor ki, bu da yararlandığı birçok numaradan yalnızca bir tanesidir.

EMPATİYLE GELEN MUTLULUK VE ACI

Sinemaya çoğunlukla aşk ve ıstırabın, macera ve korkunun dünyasına kaçmak için gideriz. Ama izlediğimiz iyi ve kötü kahramanlar, görüntüleri iki boyutlu bir ekrana yansıtılmış oyunculardır yalnızca. Öyleyse bu gelip geçici hayali kahramanların akıbeti neden bizi ilgilendirir? Filmler neden bizi ağlatır, güldürür ve şaşırtır?

Oyuncuları böylesine umursamanızın nedenini anlamak için, acı hissettiğinizde beyninizde neler olup bittiğine bakarak başlayalım işe. Farz edin ki, biri elinize bir enjektör iğnesi sapladı. Beyinde, bu acının işlendiği tek bir bölge yoktur; iğnenin batması, birbiriyle işbirliği içinde çalışan birkaç farklı alanı birden etkinleştirir. Bu ağ "acı matrisi" olarak adlandırılır.

İşin asıl ilginç kısmı, bu acı matrisinin başkalarıyla nasıl bir ilişki kurduğumuzda önemli rol oynamasıdır. İğnenin bir başkasına saplandığını görürseniz, acı matrisinizin önemli bir bölümü harekete geçer; ancak size dokunulduğunda harekete geçen bölgeler değil, acıyla ilgili duygusal deneyimde rol oynayan bölgelerdir bunlar. Bir başka ifadeyle, acı içindeki birini izlemek ile acıyı hissetmek, aynı nöral mekanizmadan yararlanır. Empatinin temeli de budur.

Bir başka kişiyle empati kurmak, o kişinin acısını sözcüğün tam anlamıyla hissetmek demektir. O sırada yaptığınız şey, onunla aynı durumda olsaydınız hissedeceğiniz şeylerin inandırıcı bir simülasyonunu kurgulamaktır. Bu yeteneğimiz, kitap ve filmlerdekine benzer hikâyelerin, bütün kültürlerde neden bu kadar yaygın, ilgi çekici ve sürükleyici olduğunu da açıklar. Hikâye isterse tümüyle yabancı ya da tümüyle kurgulanmış karakterlerle ilgili olsun, bu karakterlerin acı ve mutluluğunu siz de yaşarsınız. Bir anda onların kişiliğine bürünür, onların hayatlarını yaşar ve onların bakış açısından bakarsınız. Bir başka insanın acı çektiğini gördüğünüzde bunun sizin değil, onların sorunu olduğunu anlatmaya çalışırsınız kendinize; ama beyninizin derinlerindeki nöronlar aradaki farkı bilemezler.

Kendimizi bir başkasının yerine koymada –nöral açıdan– gösterdiğimiz büyük başarı, kısmen de, bir başka kişinin bakış açısını hissetmeyi sağlayan bu yerleşik beceri sayesindedir. Bu beceriyi neden geliştirdiğimize gelince: Empati, evrimsel açıdan yararlı bir özelliktir.

Bir başkasının ne hissettiği konusunda daha iyi bir kavrayışa sahip olmak, bundan sonra ne yapabilecekleri ile ilgili daha iyi bir tahmin yürütmemizi sağlar.

Ancak empati hataya açıktır. Çoğu durumda başkalarına dair öngörüde bulunurken sadece kendimizi baz alırız. 1994'te, oğulları arabanın içindeyken arabasının bir adam tarafından kaçırıldığını polise bildiren Güney Carolina'lı bir anne olan Susan Smith örneğini ele alalım. Smith, çocuklarının kurtarılıp kendisine iade edilmesi için ulusal televizyonda dokuz gün boyunca yalvarıp yakarmış, ancak sonunda iki çocuğunun katili olduğunu itiraf etmişti. Gerçekte yapmış olduğu şey, normalde öngörülebilecek olanların öylesine dışındaydı ki, hikâyesini herkes yutmuştu. Smith vakasının ayrıntıları, geriye dönülüp bakıldığında aslında yeterince açık olmakla birlikte, anın içindeyken bunları görmek zordu. Bunun nedeni, başkalarının durumunu yorumlarken, genellikle kendimizden ve o durumda kendi yapabileceklerimizden yola çıkmamızdır.

Başkalarını simüle etmek, başkalarıyla bağ kurmak, başkalarını umursamak, elimizde olan şeyler değildir; çünkü doğuştan toplumsal yaratıklar olmak üzere donatılmışızdır. Bu durum, akla bir soru getirir: Beyinlerimiz toplumsal etkileşime bağımlı mıdır? Beyin insanlarla etkileşime aç bırakıldığında ne olur?

2009'da, barış aktivisti Sarah Shourd ve iki arkadaşı, Kuzey Irak'ta –o zamanlar barışın hüküm sürdüğü– dağlık bir bölgede yürüyüş yapmaktaydılar. Yerel halk, onlara Ahmed Awa şelalesini ziyaret etmelerini önermişti. Ancak şelale, ne yazık ki İran'la paylaşılan sınır bölgesinde yer almaktaydı. ABD casusu olduklarından kuşkulanılarak İran sınır muhafızları tarafından tutuklandılar. Gruptaki iki erkek aynı hücreye yerleştirildi, ancak Sarah onlardan ayrılarak tecrit hapsine alındı. Günde iki kez verilen otuzar dakikalık süreleri saymazsak, Sarah, izleyen 410 gününü tecrit edilmiş bir hücrede geçirdi.

Sarah şöyle anlatıyordu:

> *Tecridin ilk birkaç haftası ve ayında, hayvansı bir duruma indirgeniyorsunuz. Yani aslında kafese kapatılmış bir hayvansınız ve gününüzün çoğunu bu kafeste volta atarak geçiriyorsunuz. Hayvansı durum, sonunda daha çok bitkisel bir duruma dönüşüyor: Zihniniz yavaşlıyor ve düşünceleriniz tekrarlayıp duruyor. Beyniniz kendi içine kapanıyor ve duyabileceğiniz en büyük acının, en büyük işkencenin kaynağı haline geliyor. Yaşamımın her anını yeniden yaşıyorum ve bunları kendi kendime o kadar çok anlatıyorum ki, sonunda bir bakıyorum, anılarımın hepsi tükenmiş. Üstelik bu o kadar uzun da sürmüyor.*

Sarah'nın yaşadığı toplumsal yoksunluk, çok derin acılara neden olmuştu. Çünkü etkileşimden uzak kalan beyin acı çeker. Tecrit, birçok hukuk sisteminde yasadışıdır; bunun nedeni ise, bir insanın yaşamındaki en önemli unsurlardan birinin sökülüp alınmasıyla ortaya çıkan hasarın, uzun süredir biliniyor olmasıdır. Bu unsur, başkalarıyla etkileşimdir. Dünyayla iletişime aç bırakılan Sarah da hızla sanrılar dünyasına adım atmıştı.

Güneş ışığı, günün bir saatinde penceremden belirli bir açıyla süzülürdü. Ve hücremdeki bütün küçük toz tanecikleri birden bu ışıkla aydınlanıverirdi. Bu tanecikleri gezegeni istila eden başka insanlar olarak görürdüm. Ve hepsi de yaşam akışının birer parçasıydı: Birbirleriyle etkileşime giriyor, birbiri üzerinden sekerek hareket ediyorlardı. Topluca yaptıkları bir şey vardı. Bense kendimi bir köşede yalıtılmış, yaşamın akışı dışında kalmış bir yaratık gibi hissediyordum.

Bir yılı aşkın tutsaklık süresinin ardından, 2010 yılının Eylül'ünde yeniden dünyanın bir parçası olmasına izin verilen Sarah, serbest bırakıldı. Ancak olayın travması sürüyordu: Depresyona girmişti ve kolaylıkla paniğe kapılabiliyordu. Ertesi yıl, yürüyüşe birlikte katıldığı kişilerden Shane Bauer'la evlendi. Sarah, Shane'le birbirlerini sakinleştirebildiklerini, ancak bunun her zaman kolay olmadığını söylüyor. Çünkü duygusal yaralar ikisini de bırakmamış durumda.

Filozof Martin Heidegger, bir insanın tek başına "var olmasından" söz etmenin zor olduğunu, çünkü normal şartlarda "dünyada var olduğumuzu" ileri sürmüştü. Heidegger bu şekilde, sizi siz yapan şeyin büyük oranda çevrenizdeki dünya olduğunu vurgulamış oluyordu aslında. Çünkü benlik, boşlukta var olamaz.

Bilim insanları ve klinisyenler, tecritte kalmış insanlara neler olduğunu gözleyebilseler de, etkileri doğrudan incelemek zordur. Ancak nörobilimci Naomi Eisenberger'in tasarlamış olduğu bir deney, biraz daha ehli koşullarda; bir gruptan dışlandığımızda beyinde olup bitenler konusunda bir fikir vermektedir.

Birkaç kişinin bir topu birbirine atıp durduğu bir ortam düşünün. Oyunun bir noktasında oyundan dışlanıyorsunuz ve diğer iki kişi sizi hiç katmadan topu aralarında ileri geri atmaya devam ediyorlar. Eisenberger'in deneyi, işte bu basit senaryo üzerine kuruluydu. Deneyde katılımcılar, kendi idarelerindeki anime bir karakterin, iki başka karakterle birlikte birbirlerine top attıkları bir bilgisayar oyunu oynuyorlardı. Diğer karakterlerin iki farklı kişi tarafından kontrol edildiğini sansalar da, bunlar aslında bilgisayar programının bir parçasıydı. Başta oyun düzgün bir biçimde seyretse de, bir süre sonra katılımcı oyundan dışlanıyor ve diğer iki karakter topu aralarında atmaya başlıyorlardı.

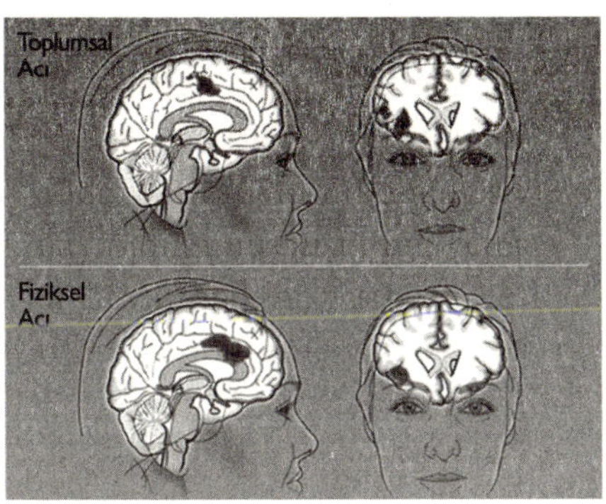

Dışlanma gibi durumlarla ortaya çıkabilen toplumsal acı, beyinde fiziksel acıyla aynı bölgeleri etkinleştirir.

Eisenberger'in deneyinde katılımcılar bir yandan oynarken, bir yandan da beyin tarama cihazı içinde yatmaktaydılar. (Bu yönteme işlevsel manyetik rezonans görüntüleme, ya da fMRI adı verilir - bkz. 4. Bölüm.) Araştırmacının bu yolla ulaştığı bulgular oldukça şaşırtıcıydı: Katılımcılar oyunun dışında bırakıldıklarında, acı matrisiyle ilgili beyin bölgeleri etkinleşiyordu. Topun kendilerine atılmıyor oluşu, üzerinde fazla durulacak bir ayrıntı gibi görünmese de, toplumdan dışlanma beyin için öyle önemlidir ki, acı verir. Hem de sözlük anlamıyla.

Dışlanma neden acıtır? Bu durum, toplumsal bağlanmanın evrimsel bir özellik taşıdığının; başka deyişle acının, bizi etkileşime ve başkalarınca kabul edilmeye yönlendirdiğinin bir işareti olabilir. Yerleşik nöral düzeneklerimiz, bizi başkalarıyla bağ kurmaya ve gruplar oluşturmaya iter.

Bütün bunlar, bizi saran toplumsal dünyaya da ışık tutar: İnsanlar her yerde ve sürekli olarak gruplar oluştururlar. Ailemiz, dostluklarımız, işimiz, genel tarzımız, tuttuğumuz spor takımları, dinimiz, kültürümüz, deri pigmentlerimiz, dilimiz, hobilerimiz ve siyasi eğilimlerimiz aracılığıyla birbirimizle bağlar kurarız. Bir gruba dahil olmak bize huzur ve rahatlık verir. Bu gerçek, türümüzün tarihi hakkında başlı başına önemli bir ipucudur.

SAĞKALIMDA BİREYSEL GÜCÜN ÖTESİ

İnsan evrimi söz konusu olduğunda, "en güçlü olanın sağkalımı" kavramına hepimiz aşinayız. Bu kavram, türünün diğer üyelerini kavgada yenen, onlardan daha hızlı koşan, daha fazla eş bulan güçlü ve açıkgöz birini çağrıştırır hayalimizde. Başka bir ifadeyle, hayatta kalıp iyi koşullarda yaşamak için iyi bir yarışmacı olmak gerekir. Bu modelin açıklayıcı gücü yadsınamasa da, davranışlarımızın bazı yönlerini anlamayı güçleştirdiği de bir gerçektir. Özgeciliği (altruizm) ele alalım: En güçlü olanın sağkalımı, insanların birbirine yardım etmesini nasıl açıklar? En güçlü bireyin seçilimi kavramı soruya yetersiz bir yanıt sağladığından, kuramcılar bir ek fikir olarak "akraba seçilimi" olgusunu ortaya atmışlardır. Bu, yalnızca kendimi değil, aynı genetik malzemeye sahip başkalarını, örneğin, erkek kardeşlerimi ya da kuzenlerimi de gözettiğim anlamına gelir. Evrimsel biyolog J. S. Haldane, bunu esprili bir şekilde şöyle ifade etmişti: "İki erkek kardeşimi ya da sekiz kuzenimi kurtarmak için nehre seve seve atlardım."

Ancak akraba seçilimi bile, insan davranışlarının bütün yönlerini açıklamada yetersiz kalır; çünkü insanlar akraba olup olmadıklarına bakmaksızın başka insanlarla bir araya gelir ve işbirliği yaparlar. Bu gözlem de "grup seçilimi" kavramına götürür bizi. Bu kavramı şöyle açıklayabiliriz: Bir grup tümüyle işbirliği yapan kişilerden oluşmuşsa, gruptaki herkes bunun yararını görecek, genel olarak, komşularıyla işbirliği yapmayan insanlardan daha iyi durumda olacaklardır. Böyle bir grubun üyeleri, birbirlerine sağkalım açısından da yardımcı olabilirler. Bu insanlar daha güvende ve daha üretken, zorlukların üstesinden gelmede de diğerlerinden daha başarılıdırlar. Başkalarıyla bu tür bağlar kurma güdüsü, "ösosyalite" ("eusociality"; eu- öntakısı Yunanca'da "iyi" anlamına gelir) olarak adlandırılır. Akrabalık ilişkisinden bağımsız olarak insanlar arasında tutkal işlevi gören bu olgu, kabilelerin, grupların ve ulusların inşa edilmesine olanak sağlar. Bu, bireysel seçilimin gerçekleşmediği anlamına değil, yalnızca resmin tümünü oluşturmadığı anlamına gelir. İnsanların çoğu zaman rekabetçi ve bireysel bir tutum içinde oldukları ne kadar gerçekse, yaşamlarının küçümsenmeyecek bir bölümünü grup yararına işbirliği yapmakla geçirdikleri de bir o kadar gerçektir. Bu durum, insan popülasyonlarının gezegenin bir ucundan diğerine serpilip gelişmesine, birçok toplum ve uygarlığın kuruluşuna olanak tanımıştır. Bunlar, ne kadar güçlü olursa olsun hiçbir bireyin tek başına altından kalkacağı şeyler değildir. Gerçek ilerleme ancak, işbirlikleri daha kapsamlı ittifaklara dönüştürülebildiğinde söz konusu olabilir. Ösosyal yapımız ise modern dünyamızın zenginliğini ve karmaşıklığını borçlu olduğumuz temel etkenlerden biridir.

Sonuçta, gruplar halinde bir araya gelme güdümüz, sağkalım açısından önemli bir avantaj sunar. Ama bunun bir de karanlık yüzü vardır. Her iç grup, en az bir dış grubun varlığını da gerektirir.

DIŞ GRUPLAR

İç ve dış grupları kavramak, tarihimizi anlamak açısından önemlidir. Gezegenin dört bir köşesinde insan grupları sürekli olarak diğer gruplara şiddet uygulamaktadır; savunmasız ve doğrudan herhangi bir tehlike oluşturmayan gruplara bile. 1915 yılı, Anadolu'da yüz binlerce Ermeni'nin öldürülmesine tanıklık etmişti. 1937'deki Nanking katliamında Japonlar Çin'i işgal etmiş ve yüz binlerce savunmasız sivili öldürmüşlerdi. 1994 yılında ise Ruanda'daki Hutu'lar, yüz gün içinde Tutsi'lerden 800.000 kişiyi katletmişti; çoğunlukla da bıçak ve satırlarla.

Bütün bu olaylara bir tarihçinin yansız ve nesnel gözüyle baktığımı söyleyemem. Aile ağacıma bakacak olsanız, dalların çoğunun 1940'ların başında ani bir kesintiye uğradığını görürdünüz. Çünkü ailenin önemli bir bölümü Yahudi olduğu için öldürülmüş, günah keçisi konumundaki bir dış grup olarak Nazi soykırımının pençesine düşmüşlerdi.

Yahudi soykırımından sonra, Avrupa'da "bir daha asla!" yeminini etmek, adeta bir alışkanlık haline gelmişti. Ama elli yıl sonra, yeni bir soykırım daha yaşandı; ve yalnızca 900 kilometre ötede, bu sefer Yugoslavya'da. Yugoslavya İç Savaşı'nın yaşandığı 1992-1995 yılları arasında 100.000'den fazla Müslüman, "etnik temizlik" olarak anılagelen şiddet eylemleriyle katledildi. Savaşın en korkunç olaylarından biri ise Srebrenitsa'da yaşanmıştı. Burada on gün içinde 8.000 Bosnalı Müslüman, yani Boşnak, vurularak öldürüldü. Boşnaklar, Srebrenitsa'nın kuşatılmasından sonra, burada Birleşmiş Milletler'ce kurulmuş bir yerleşim alanına sığınmış, ancak 11 Temmuz 1995'te Birleşmiş Milletler komutanları bütün sığınmacıları bölgeden uzaklaşmaya zorlayarak, onları kapıların hemen ardında beklemekte olan düşmanlarının eline teslim etmişlerdi. Kadınlara

E SENDROMU

İnsanların duygusal tepkilerinin, bir başka insana zarar verebilecekleri ölçüde azalmasının nedeni nedir? Beyin cerrahı Itzhak Fried, bütün dünyadaki şiddet olaylarına baktığınızda, aynı davranış özelliğinin göze çarptığına dikkat çeker. Normal beyin işlevleri, sanki belirli bir biçimde davranmak üzere düzlem değiştirmiş gibidir. Bir hekimin zatürreye eşlik eden öksürük ve ateş gibi belirtileri araması gibi, şiddet eylemlerine bulaşan insanları karakterize eden belirli davranışları da arayıp belirlemenin mümkün olduğunu ileri süren Fried, bu belirtileri "E Sendromu" adı altında toplamıştır. Fried'in ortaya koyduğu çerçevede, E Sendromu, yineleyen şiddet eylemlerine yolu açan azalmış duygusal tepkilerle belli eder kendini. Bu eylemleri gerçekleştirirken yaşanılan aşırı coşkuyu tanımlayan "aşırı uyarılma" ya da Almanların tabiriyle "Rausch" durumu da belirtilere dahildir. Etki, grup içinde bulaşıcıdır da aynı zamanda: Bu, herkesin yaptığı bir şeydir ne de olsa; bu nedenle popülerlik kazanır ve yaygınlaşır. Sendromun bir özelliği de bölümlendirmelerdir: Kişi, kendi ailesinin üzerine titrerken, bir başkasının ailesine şiddet uygulayabilir.

Nörobilim açısından önemli olan ipucu, bu kişilerde lisan, bellek ve problem çözümü gibi işlevlerde rol alan beyin bölgelerinin değişim göstermemiş oluşudur. Bu durum, değişimin bütün beyni değil, yalnızca duygular ve empatiyle ilgili alanları kapsadığına işaret eder. Bu alanlar, etki bakımından kısa devre yapmış gibidir: Artık karar alma sürecine katılmamaktadırlar. Faillerin seçimleri mantık, bellek, akıl yürütme vb. işlevlerin dayandığı beyin bölgelerinden güç alsa da, kendini bir başkasının yerine koymanın duygusal boyutuyla ilgili ağlar devrede değildir. Fried'e göre bu durum ahlaki bir kopuşa karşılık gelir. Çünkü insanlar, normal koşullarda karar verme süreçlerini yönlendiren duygusal sistemlerden artık yararlanmamaktadırlar.

tecavüz edildi, erkekler öldürüldü. Öldürülenler arasında çocuklar da vardı.

Orada olanları daha iyi anlayabilmek için gittiğim Saraybosna'da, Hasan Nuhanovic isimli uzun boylu, orta yaşlı bir adamla konuşma şansını yakaladım. Bosnalı bir Müslüman olan Hasan, sığınma bölgesinde Birleşmiş Milletler için tercümanlık yapmaktaydı. Ailesi de orada, sığınmacılarla kalıyordu; ancak bölgeden çıkarılarak ölüme gönderilmişler, tercüman olarak işe yaradığı için Hasan'ın kalmasına izin verilmişti. Annesi, babası ve ağabeyi, oradan çıktıkları gün öldürülmüştü. Uykularını en çok kaçıran şeyi ise şöyle anlatıyor Hasan: "Devam eden bu cinayetler, bu işkenceler kendi komşularımız, onlarca yıldır birlikte yaşadığımız insanların ta kendileri tarafından gerçekleştiriliyordu. Bu insanlar, kendi okul arkadaşlarını bile öldürmeye muktedirdi."

Normal toplumsal etkileşimin bir anda hangi yollarla kopma noktasına geldiğine örnekler verirken, bana Sırpların Boşnak bir dişçiye yaptıklarını anlattı. Onu kollarından bir lamba direğine asmışlar, ve omurgasını kırana kadar metal bir çubukla vurmuşlardı. Dişçi orada üç gün boyunca asılı kalmış, Sırp çocuklar okula giderken cesedinin yanından yürüyüp geçmişlerdi. Hasan'ın ifadesiyle "Bazı evrensel değerler vardır ve bu değerler, temel niteliktedir: öldürmeyeceksin. 1992 Nisan'ında bu 'öldürmeyeceksin' kuralı birdenbire yok olmuş ve 'git ve öldür'e dönüşmüştü."

İnsan etkileşiminde böylesi büyük ve korkunç değişimleri mümkün kılan şey nedir? Bu olaylar, ösosyal bir tür ile nasıl bağdaştırılabilir? Soykırım neden dünyanın her köşesinde kendini göstermeye devam ediyor? Savaş ve katliamları geleneksel olarak tarih, ekonomi ve siyaset kapsamında değerlendiririz. Ama bunlara nöral olgular gözüyle de bakmamız gerektiğine inanıyorum. Komşunuzu öldürmek normalde akla ve vicdana bu kadar aykırı gelirken, yüzlerce ya da binlerce insana birdenbire tam da bunu yaptıran şey nedir? Beynin normal toplumsal işleyişine kısa devre yaptıran koşulların özellikleri nelerdir?

BAZILARI DİĞERLERİNDEN DAHA EŞİT

Normal toplumsal işleyişin çökmesi, laboratuvarda incelenebilir mi? Bunu anlamak için bir deney tasarladım.

İlk sorumuz oldukça basitti: Biriyle empati kurma konusundaki temel anlayışınız, o kişinin bulunduğunuz iç grupta ya da bir dış grupta yer almasıyla değişir mi?

Katılımcıları bir tarama cihazına yerleştirdik. Bu arada, ekranda altı el görmekteydiler. Bilgisayar, tıpkı televizyondaki oyun programlarında kullanılan çarklar gibi, ellerden birini gelişigüzel biçimde seçiyordu. Bu elin görüntüsü daha sonra genişleyerek ekran ortasına yerleşiyor, ele pamuklu bir çubukla dokunulurken ya da bir iğne saplanırken siz de seyrediyordunuz. Bunlar, görme sisteminde aynı etkinliği yaratan, ama beynin kalanında çok farklı tepkilere yol açabilen eylemlerdi.

Daha önce de değindiğimiz gibi, bir başkasını acı içinde görmek, insanın kendi acı matrisini de harekete geçirir ve empatinin temeli de budur. Bu nedenle, empatiyle ilgili sorularımızı artık bir üst düzeye taşıyabilirdik. Referans koşullarını bir kez sağladıktan sonra, bunun üzerinde çok basit bir değişiklik yaptık. Ekranda yine aynı altı el belirdi, ama bu sefer her birinin üzerinde tek sözcükten oluşan bir etiket de vardı: Hıristiyan, Yahudi, Ateist, Müslüman, Hindu ya da Scientoloji müridi. Gelişigüzel biçimde seçilen bir el yine ekranın ortasına hareket ederek büyüyor ve ele yine ya pamuk çubukla dokunuluyor ya da iğne saplanıyordu. Deneysel sorumuz işe şöyleydi: Dış gruba ait bir bireyin canının yandığını gördüğünüzde, beyniniz yine aynı ölçüde endişe duyar mı?

Sonuçlar, bireyler arasında göze çarpar bir değişkenlik olduğunu göstermişti; ancak ortalamada insanların beyinleri, kendi iç gruplarında bulunan birinin acı çekmesi durumunda daha büyük bir empati tepkisi gösteriyor, bu tepki, dış gruptan biri söz konusu olduğunda azalıyordu. Deneyde yalnızca tek sözcüklü etiketlerden yararlanıldığı düşünülürse, sonuç oldukça ilginçti: gruplar oluşturmak ya da birine üye olmak, hiç de öyle fazla şey gerektirmiyordu.

Temel nitelikteki bir sınıflandırma, beynin bir başka kişinin duyduğu acıya karşı geliştirdiği "bilinç-öncesi" tepkiyi değiştirmek için yeterlidir. Dinin bölücü özelliği konusunda farklı görüşler ileri sürülebilir; ancak bu noktada daha derin bir olgudan söz etmemiz gerekir: Çalışmamızda ateistler bile, "ateist" etiketiyle işaretlenmiş eldeki acıya daha fazla, diğer etiketlere daha az empati tepkisi vermişlerdi. Buna göre elde ettiğimiz sonuç temelde dinle değil, katılımcıların hangi takımda yer aldığıyla ilgiliydi.

Böylece insanların, bir dış grubun üyelerine daha az empati duyabildiğini görmüş oluyoruz. Ama şiddet ya da soykırım gibi bir olguyu anlamak için, bir parça daha derine, "insandışılaştırma" (dehumanization) kavramına inmemiz gerekiyor.

Hollanda'daki Leiden Üniversitesi'nden Lasana Harris, bunun nasıl gerçekleştiğini anlamaya bir adım daha yaklaşmamızı sağlayan bir dizi deney gerçekleştirmişti. Harris'in çalışmaları, beynin toplumsal ağı, özellikle de medial prefrontal korteks (mPFC) bölgesindeki olası değişimlere odaklanıyordu. Burası, başka insanlarla etkileşime girdiğimizde ya da başka insanları düşündüğümüzde etkinleşen (ancak ilgimizi cansız nesneler, örneğin, bir kahve kupasına yönelttiğimizde etkinlik göstermeyen) bir bölgedir.

Harris, gönüllülere farklı toplumsal gruplardan insanların (örneğin, evsizler ya da madde bağımlılarının)

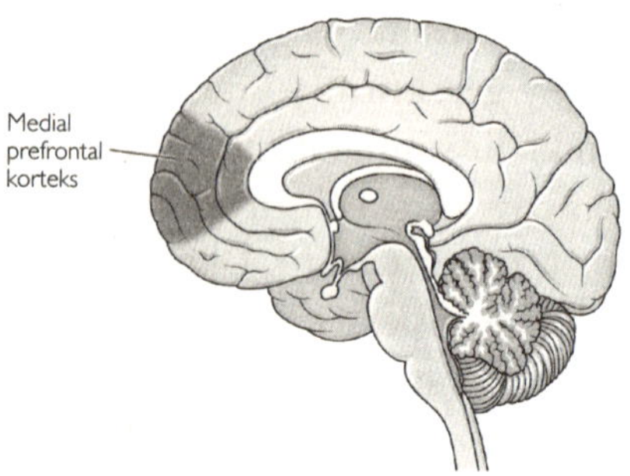

Medial prefrontal korteks, başka insanlar –en azından başka insanların çoğu– düşünüldüğünde etkinleşir.

fotoğraflarını göstermiş ve mPFC bölgesinin, evsiz birinin görüntüsü karşısında diğerlerine göre daha az etkin olduğunu bulmuştu. Kişi, sanki daha çok bir nesne olarak algılanmıştı.

Harris'in ifadesiyle, evsiz bir insanı bir yoldaş gibi algılayan sistemleri kapatan bir kişi, ona yardım etmemenin verdiği olumsuz duygunun baskısından da kurtulmuş olur. Bir başka ifadeyle evsizler, insandışı hale getirilmiş olur: Beyin onları artık bir insandan çok bir nesne gibi görmektedir. Bu durumda, evsizleri ciddiye alma ve onlara bu yönde davranma olasılığının da düşecek olması şaşırtıcı değildir. "İnsanlara 'insan' tanısını gerektiği gibi koyamazsanız, insanlara ayrılmış olan ahlaki kurallar, geçerliğini yitirebilir" açıklamasını yapmaktadır Harris.

İnsandışılaştırma, soykırımın ana bileşenlerinden biridir. Naziler Yahudileri nasıl tam anlamıyla insan olarak görmüyorlardıysa, eski Yugoslavya Sırpları için Müslümanlar da bundan farksızdı.

Saraybosna'dayken ana caddede yürümüştüm. Burası sivil erkek, kadın ve çocukların, çevredeki tepeler ve komşu bina köşelerine pusu kurmuş silahlı askerlerce öldürülmelerine bağlı olarak, savaş sırasında "Pusu Yolu" olarak anılır olmuştu. Bu cadde, savaşın dehşetinin en güçlü simgeleri haline geldi. Normal bir şehir caddesi nasıl olur da böyle bir yere dönüşebilirdi?

Bu savaş da bütün diğerleri gibi, etkili bir nöral manipülasyon yönteminden güç almıştı. Uygulaması yüzyıllardır yapılan bu yöntemin adı "propaganda"ydı. Yugoslavya İç Savaşı sırasında ana haber ağını oluşturan Sırbistan Radyo Televizyon kuruluşu Sırp hükümetince denetleniyor ve çarpıtılmış haberleri gerçekmiş gibi veriyordu. Bosna Müslümanları ve Hırvatlarca Sırplara karşı düzenlenen etnik gerekçeli saldırıları konu alan uydurma raporlar, bu ağ tarafından hazırlanmıştı. Kuruluş Bosnalılar ve Hırvatları sürekli biçimde şeytani halklar olarak sunuyor, Müslümanlardan söz ederken olumsuz bir dil kullanıyordu. Müslümanların, Saraybosna hayvanat bahçesindeki aç aslanları Sırp çocuklarla besledikleri yönünde temelsiz bir hikâye yayınlamaları ise, işi vardırdıkları noktayı göstermek bakımından iyi bir örnektir.

Soykırım, ancak insandışılaştırma eğiliminin, kendisini kitlesel bir ölçekte göstermesiyle mümkündür; propaganda ise bunun için kusursuz araçtır. Başka insanları anlamaya yarayan ağlara doğrudan kilitlenerek, onlarla kurulacak empatinin düzeyini aşağı çeker.

Beyinlerimizin, başkalarını insandışılaştırmaya yönelik siyasi hareketlerle manipüle edilebileceğini ve bunun da insan edimlerinin en karanlık yüzünü harekete geçirebileceğini gördük. Peki ama, beyinlerimizi bunu önlemek üzere de programlayabilir miyiz? Olası bir çözümü, 1960'larda yapılan bir deneyde arayabiliriz. Deneyin gerçekleştirildiği yer ise bir bilim laboratuvarı değil, okuldur.

Yıl 1968, gün de insan hakları lideri Martin Luther King'in suikaste kurban gidişinin ertesi günüydü. Iowa'daki küçük bir kasabada öğretmenlik yapan Jane Elliott, sınıfına önyargının nasıl bir şey olduğunu göstermeye karar vermişti. Sınıfa sordu: Deri rengine göre yargılanmak acaba nasıl bir duygu uyandırırdı insanda; bunu biliyorlar mıydı? Öğrencilerin çoğu, bildiklerini düşünüyordu. Ancak Jane bundan o kadar da emin değildi; bu nedenle daha sonradan büyük ün yapacak olan bir deney tasarladı ve mavi gözlü kişilerin, "bu sınıfta diğerlerinden daha üstün" olduğunu ilan etti.

Jane Elliott: Kahverengi gözlüler... İçme suyu musluğundan doğrudan yararlanamayacak ve musluğu ancak kâğıt bardakla kullanabileceksiniz. Bahçede mavi gözlülerle oynamayacaksınız; çünkü onlar kadar iyi değilsiniz. Bugün yaka takacaksınız, biz de böylece uzaktan göz renginizi bilebileceğiz. Sayfa 127'de ... Herkes hazır mı? Laurie dışında herkes hazır. İşin bitti mi Laurie?

Çocuk: O kahverengi gözlü.

Jane: Demek kahverengi gözlü. Hep kahverengi gözlüleri bekleyerek ne kadar zaman kaybettiğimizi bugün siz de fark etmeye başlayacaksınız.

Jane bir süre sonra uzun cetveline bakınırken iki erkek çocuk birden atıldı. Çocuklardan Rex cetvele parmağıyla işaret ederken Raymond da yardımını esirgemedi: "O cetveli masanızda tutsanız iyi edersiniz. Kahverengi çocuklar ... yani kahverengi gözlü çocuklar her an yoldan çıkabilir."

Şimdi birer yetişkin olmuş o iki çocukla; Rex Kozak ve Ray Hansen'la geçenlerde ben de görüştüm. İkisi de mavi gözlüydü. O günkü davranışlarını hatırlayıp hatırlayamadıklarını sorduğumda Ray şu yanıtı verdi: "Arkadaşlarıma inanılmaz ölçüde kötü davranmıştım. Sırf alkış almak için, kahverengi gözlü çocuklara yapmadığımı bırakmadım." Anlattığına göre o zamanlar saçları epeyce sarı, gözleri de masmaviydi: "Kusursuz bir küçük Nazi'ydim adeta. Yalnızca birkaç dakika ya da birkaç saat önce çok yakın olduğum arkadaşlarıma kötülük yapmanın yollarını arıyordum."

Jane, ertesi gün deneyi tersine çevirmiş ve sınıfa şu duyuruyu yapmıştı:

Kahverengi gözlüler artık yakalarını çıkarabilir. Hepiniz, yakanızı mavi gözlü bir arkadaşınıza takın. Kahverengi gözlü öğrencilerin teneffüs süreleri, bugün beş dakika uzatılmıştır. Siz mavi gözlüler, oyun parkındaki hiçbir araçtan yararlanmayacaksınız. Siz mavi gözlüler, kahverengi gözlülerle oynamayacaksınız. Kahverengi gözlüler, mavi gözlülerden daha üstündür.

Rex her şeyin birden tersine dönmesinin nasıl bir etki yarattığını şu sözlerle anlattı: "Dünyanız, daha önce hiç olmadığı gibi paramparça oluyor." Ray'e gelince, aşağılanan gruba dahil olduktan sonra yaşadığı kişilik ve benlik kaybı duygusu öyle derindi ki, neredeyse tümüyle tutulduğunu hissetmişti.

İnsan olarak öğrendiğimiz en önemli şeylerden biri, farklı bakış açılarıyla düşünebilmektir. Çocuklara genellikle bu konuda anlamlı denebilecek alıştırmalar yaptırılmaz. Oysa insanın, kendisini bir başkasının yerine koymaya zorlanması, yeni bilişsel yollara da kapı aralayacaktır. Rex, Jane Elliott'ın sınıfında yapılan bu alıştırmadan sonra, ırkçı ifadelere daha duyarlı hale gelmişti.

Babasına "bu hiç de doğru değil" dediği anı güzel duygularla hatırlıyor Rex. Çünkü bu, onun doğru yolda olduğunu, farklı bir insan olmaya başladığını hissettiği an.

Mavi göz/kahverengi göz alıştırmasını dâhiyane kılan şey, Jane Elliott'ın, "üstünlük" ayrıcalığını gruplara dönüşümlü olarak yaşatmasıydı. Çocuklar böylece bu alıştırmadan daha büyük bir ders çıkarabilmişlerdi: "Kural sistemleri gelişigüzel olabilir" dersini. Bunun yanı sıra, dünyanın doğrularının sabit olmadığını, dahası, bunların "doğru" bile olmayabileceğini öğrenmişlerdi. Bu alıştırma çocuklara, siyasi gündemleri saran pus ve aynaların ardındaki gerçeği görme ve kendi fikirlerini üretme gücünü vermişti. Bütün çocuklarımızın sahip olmasını isteyeceğimiz bir beceriydi bu.

Eğitim, soykırımın önlenmesinde merkezi rol oynar. Kitlelere yönelik vahşetle sonuçlanacak olan insandışılaştırma sürecinin yolunu kesmek için tek umudumuz, bizi iç ve dış gruplar oluşturmaya iten nöral güdüleri –ve propagandanın bu güdüleri yönlendirmek için kullandığı standart hileleri– anlamaktır.

İçinde bulunduğumuz dijital bağlantılar çağında, insanlar arasındaki bağlantıları anlamak da her zamankinden daha önemli hale gelmiştir. İnsan beyni, temel olarak etkileşime ayarlıdır ve bizler de tür olarak olağanüstü bir toplumsallık sergilemekteyizdir. Toplumsal güdülerimiz kimi zaman dış etkilerle yönlendirilebilse de, bunların insan türünün başarı öyküsünde merkezi rol üstlendikleri unutulmamalıdır.

Derinizin belirlediği sınırlar içinde kaldığınızı düşünüyor olabilirsiniz; ama sizin sonlanıp çevrenizdekilerin başladığı sınırı belirlemenin imkânsız olduğu bir bakış açısı da vardır. Sizin nöronlarınız, devasa ve değişken bir süper-organizmanın bünyesi içinde, gezegendeki diğer herkesin nöronlarıyla karşılıklı etkileşim içindedir. "Siz" olarak tanımlayıp diğerlerinden ayırdığımız şey, aslında büyük bir ağ içinde yer alan daha küçük bir ağdan başka bir şey değildir. Türümüz için parlak bir gelecek istiyorsak, insan beyinlerinin birbiriyle nasıl etkileşim kurduğunu araştırmamız, bu etkileşimden doğan fırsatlar kadar, tehlikeleri de anlamaya çalışmamız gerekir. Çünkü beyin devrelerimize kazınmış gerçekten kaçmamız mümkün değildir: Birbirimize ihtiyacımız vardır.

6

KİME DÖNÜŞECEĞİZ?

İnsan vücudu, karmaşıklık ve güzelliğiyle bir başyapıt; birbiriyle uyum içinde çalışan kırk trilyon hücrenin hayat verdiği bir senfonidir. Ama vücudun tabi olduğu bazı sınırlamalar da vardır. Duyularınız deneyimlerinize, vücudunuz yapabildiklerinize sınırlar koyar. Ama ya beyin farklı türden girdileri de algılayıp farklı türden kol ve bacakları da denetleyebilse ve böylece içinde yaşadığımız gerçekliği genişletebilseydi? İnsanlık tarihinin öyle bir noktasındayız ki, biyoloji ve teknolojinin evliliği beynin sınırlamalarının ötesine geçebilir. Kendi donanımımızı ele geçirip geleceğe doğru farklı bir yol çizebiliriz. Böyle bir değişimin, insan olmanın anlamını da temelden değiştirmesi bekleniyor.

Son 100.000 yıldır, bir tür olarak az buz yol kat etmedik: Buldukları çerçöple hayatta kalmaya çalışan avcı-toplayıcılardan, kendi kaderini elinde tutan, üyeleri birbiriyle üst düzeyde bağlantı halindeki gezegen fatihlerine dönüştük. Bugün, atalarımızın hayal bile edemeyeceği gündelik deneyimlerin tadına varıyoruz. Dayalı döşeli mağaralarımıza istediğimizde su sağlayacak temiz nehirlerimiz, elimizdeyse boyutları irice bir taşınkini geçmediği halde dünyanın bilgisini içeren aygıtlarımız var. Bulutların üstünü, gezegenimizin kavisli yüzeyini uzaydan düzenli olarak görebiliyoruz. Dünyanın öbür ucuna seksen milisaniyede mesajlar gönderiyor, uzayda dolanıp duran bir insan kolonisine ulaştırmak üzere, saniyede altmış megabit hızla dosya yüklüyoruz. İşimize arabayla gitmek gibi sıradan bir eylemi gerçekleştirirken bile, biyolojinin büyük başyapıtlarını (çitalar gibi) geride bırakan ortalama hızlarla ilerliyoruz. Türümüzün bu büyük başarısını borçlu olduğumuz şeyse, kafatasımızın içinde saklı duran bir buçuk kiloluk madde kitlesinin sıra dışı özellikleri.

İnsan beyninde nasıl bir özellik vardı da bu yolculuk mümkün oldu? Eğer başarılarımızın ardındaki sırları aydınlatabilirsek, belki de beynin gücünü dikkatli ve anlamlı bir biçimde yönlendirebilir, insanın hikâyesinde yeni bir bölüm yazmaya başlayabiliriz. Önümüzdeki bin yıl bize neler getirecek acaba? Uzak gelecekte insan ırkı neye benzeyecek?

ESNEK VE BİLGİSAYIMSAL BİR AYGIT

Hem geçmiş başarımızı hem de gelecekteki fırsatları anlamanın sırrı, beynin plastisite adı verilen muazzam uyarlanma becerisinde yatar. 2. Bölüm'de de gördüğümüz gibi bu özellik, kendimizi hangi ortamda bulursak bulalım, hayatta kalmamızı sağlayacak yerel ayrıntıları (yerel dil, yerel çevre baskıları ya da yerel kültür özellikleri gibi) yakalayıp kullanmamızı mümkün kılmıştır.

Beyin plastisitesi, kendi donanımımız üzerinde uyarlamalar yapmak için gerekli kapıları araladığından, geleceğimizin de anahtarıdır. Beynin tam olarak ne ölçüde esnek bir bilgisayımsal aygıt olduğunu anlamaya çalışarak işe başlayabiliriz. Cameron Mott isimli genç bir kızın durumunu ele alalım. Cameron, dört yaşındayken şiddetli nöbetler geçirmeye başlamıştı. Nöbetler tehlikeli boyuttaydı. Durup dururken bir anda yere düşebiliyor, bu nedenle de sürekli kask takmak zorunda kalıyordu. Cameron'a ender görülen ve oldukça da sarsıcı etkileri olan Rasmussen ensefaliti teşhisi konması fazla zaman almadı. Cameron ile ilgilenen nörologlar bu sara türünün önce felce, sonunda da ölüme yol açacağını biliyorlardı; bu nedenle ciddi sonuçları olabilecek, iddialı bir ameliyat önerdiler. 2007 yılında, beyin cerrahlarından oluşan bir ekip neredeyse on iki saat süren bir ameliyatla Cameron'un bir beyin yarımküresini olduğu gibi çıkardı.

Beynin yarısının çıkarılması, uzun dönemde ne tür sonuçlar doğuracaktı? Anlaşıldığı üzere, şaşırtıcı ölçüde hafif olacaktı bu etkiler. Cameron'un vücudunun bir yarısı, diğerinden daha güçsüz; ancak bunun dışında onu sınıfındaki diğer çocuklardan ayırt etmek pek mümkün değil. Ne kullanılan dili, ne de müziği, matematiği, hikâyeleri anlamada sorun yaşıyor. Okulda iyi bir öğrenci olmanın yanında, spor etkinliklerine de katılıyor.

Böyle bir şey nasıl mümkün olabildi? Mesele, Cameron'un beyninin bir yarısına ihtiyaç olmaması değil, kalan yarısının eksik işlevleri devralmak üzere dinamik biçimde yeniden düzenlenmesi ve bütün işlemlerin normal beyin hacminin yarısına sıkıştırılmasıydı. Cameron'un iyileşmesi, beynin harikulade bir yeteneğini vurgular: Beyin, eldeki girdiler, çıktılar ve yapılacak işlere uyum sağlamak üzere, devrelerini yeni düzenlemelere tabi tutabilir.

Kritik önem taşıyan bu yöntem, beyni dijital bilgisayarlardaki donanımdan temelde farklı kılar. Beyin, sahip olduğu "canlı" donanımla kendi devre sistemini kendisi düzenler. Yetişkin beyni bir çocuğunki kadar esnek olmasa da, uyum sağlama ve değişim yeteneğini şaşırtıcı ölçüde korumuş durumdadır. Daha önceki bölümlerde de gördüğümüz gibi ister Londra haritasını ezberlemek, ister kap dizmek olsun, ne zaman yeni bir şey öğrensek beyin kendini değiştirir. İşte beynin bu özelliği, yani plastisite, biyolojimizle teknoloji arasında yeni bir evliliği mümkün kılar.

EK CİHAZLARA ALIŞMA

Çeşitli aygıtları vücudumuza doğrudan bağlamada giderek daha iyi hale gelmekteyiz. Farkında olmasanız da, şu anda yüz binlerce insan yapay işitme ve görme sistemlerinden yararlanıyor.

Koklear implant adı verilen cihazda, bir dış mikrofon ses sinyalini dijital hale getirerek işitme sinirine iletir. Retina implantları da benzer biçimde, kameradan aldıkları sinyali dijital bir sinyale dönüştürür ve bunu gözün arkasındaki görme sinirine bağlı bir elektrot kafesinden içeri gönderirler. Bu cihazlar, dünyadaki işitme ve görme engelli birçok kişinin duyularını onlara yeniden kazandırmıştır.

Bir zamanlar, bu tür yaklaşımların işe yarayıp yaramayacağı konusunda soru işaretleri vardı. Birçok araştırmacı, ilk ortaya çıktıklarında bu teknolojilere kuşkuyla yaklaşmıştı: Beyin ağları öylesine büyük bir kesinlik ve özgüllükle düzenlenmişti ki, metal elektrotlarla biyolojik hücreler arasında anlamlı bir diyalog kurulup kurulamayacağı belli değildi. Beyin biyolojik kökenli olmayan bu kaba sinyalleri anlayabilecek miydi yoksa şaşkına mı dönecekti?

Şimdi biliyoruz ki beyin, sinyalleri yorumlamayı zamanla öğrenir. Bu tür implantlara alışmak, beyin için biraz da yeni bir dil öğrenmek gibidir. Yabancı elektrik

YAPAY YOLLA İŞİTME VE GÖRME

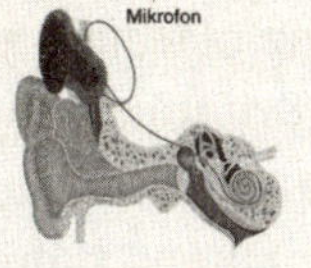

Koklear implant

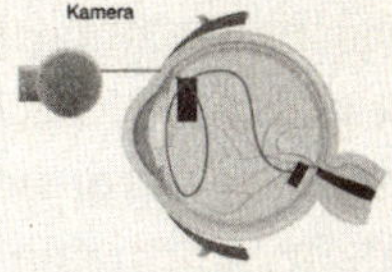

Retina implantı

Bir koklear implant, kulağın biyolojisinde yaşanan sorunları görmezden gelerek, işitsel sinyalleri doğrudan hasarsız işitme sinirine iletir. Bu sinir, elektriksel uyarıları çözümlenmek üzere işitme korteksine gönderen bir veri kablosu gibidir. İmplant, dış dünyadan aldığı sesleri işitme sinirine on altı küçük elektrot aracılığıyla gönderir. İşitme deneyimi hemen başlamaz; çünkü implantı kullanan insanların, beyni besleyen bu sinyallerin lehçesini yorumlamayı öğrenmeleri zaman alır. Kendisi de bu implanttan yararlanan Michael Chorost, deneyimlerini şöyle anlatıyor:

"Ameliyattan bir ay sonra cihaz çalıştırıldığında, duyduğum ilk cümle şöyle bir şeydi: "Zzzzzz szz szvizz ur brfzzzzzz?" Beynim, bu yabancı sinyalleri yorumlamayı kademeli olarak öğrendi. "Zzzzzz szz szvizz ur brfzzzzzz?" çok geçmeden "What did you have for breakfast?" [Kahvaltıda ne yedin?] biçimini aldı. Aylar süren alıştırmalardan sonra telefonu yeniden kullanabilir, hatta gürültülü barlar ve kafelerde bile çene çalabilir hale geldim."

Retina implantları da benzer ilkelerle çalışır. İmplantın küçücük elektrotları, fotoreseptör (ışık algılayıcı reseptör) tabakasının normal işlevlerini görmezden gelerek, çok küçük elektriksel etkinlik kıvılcımları gönderir. Bu implantlar çoğunlukla görme siniri hücrelerinin sağlam olup gözün arkasındaki fotoreseptörlerin bozulmaya uğradığı göz hastalıklarında kullanılırlar. İmplant tarafından gönderilen sinyaller görme sisteminin alıştığı sinyallerin bire bir aynısı olmasa bile, daha sonraki işlem kademeleri, görmeyi sağlamak için ihtiyaç duydukları bilgileri ayrıştırmayı öğrenebilirler.

sinyalleri başlangıçta anlaşılmaz olacak, ama nöral ağlar sonunda gelen verilerdeki örüntüleri tanıyıp ayıracak hale gelecektir. Girdi sinyalleri kaba da olsa, beyin onlardan anlam çıkarmanın bir yolunu bulur. Başka duyulardan gelen verilerle karşılaştırmalar yaparak, sinyallerde örüntü arayışı içine girer. Gelen verilerde belirli bir yapının varlığı söz konusuysa o yapıyı diğerlerinden ayırır; birkaç hafta sonra ise gelen bilgiler anlam kazanmaya başlar. İmplantlar, doğal duyu organlarımızın verdiklerinden biraz farklı sinyaller verse de, beyin, ele geçirebildiği bilgiyle idare etmenin yolunu bulacaktır.

TAK-ÇALIŞTIR: DUYU ÖTESİ BİR GELECEK

Beynin plastisite özelliği, yeni girdilerin de yorumlanmasına izin verdiğine göre, bu durum ne tür duyusal olanaklar sağlayabilir?

Temel duyulardan oluşmuş standart bir donanımla; işitme, dokunma, görme, koku, tat ve yanında denge, titreşim ve sıcaklık gibi başka duyularla geliriz dünyaya. Sahip olduğumuz algılayıcılar, çevremizden sinyalleri toplamamızı sağlayan kapılardır.

Ancak, birinci bölümde de gördüğümüz gibi, bu duyular çevremizdeki dünyanın yalnızca küçük bir kesitini deneyimlememize izin verir. İlgili algılayıcılara sahip olmadığımız tüm diğer bilgi kaynakları ise bizim için görünmezdir.

Sahip olduğumuz duyusal kapıları çevresel tak-çalıştır aygıtlarına benzetirim. Burada önemli olan nokta, beynin veriyi nereden aldığını bilmemesi, üstelik bunu umursamamasıdır. Ne tür bilgi gelirse gelin, beyin onunla ne yapacağını çözümlemeye çalışır. Bu çerçevede beyni genel amaçlı bir bilgisayım aygıtı olarak düşünürüm; çünkü neyle beslenirse onunla çalışır. Bu varsayım temelinde Tabiat Ana'nın da beynin işleyiş ilkelerini yalnızca bir kez icat etmesi yeterli olmuş, ondan sonra yeni girdi kanallarını tasarlamak için bol bol zamanı kalmıştı.

Nihai sonuç, bu kadar iyi tanıyıp sevdiğimiz bütün bu algılayıcıların, aslında devreye bir girip bir çıkabilen araçlardan ibaret olduğudur. Fişe bir kere taktınız mı, beyin hemen onları işlemeye başlar. Bu çerçevede, evrimin beyni sürekli olarak yeniden tasarlamasına gerek yoktur; bu süreci yalnızca çevresel aygıtlara uygulaması yeterlidir. Beyne düşen, bunlardan nasıl yararlanacağını bulmaktır.

Hayvanlar âlemine göz attığınızda, hayvan beyinlerince kullanılan çevresel algılayıcıların inanılmaz bir çeşitlilik sergilediğini görürsünüz. Yılanlar ısı algılayıcıları taşırlar. Cam bıçak balıklarında ortamın elektrik alanındaki değişimleri yorumlamaya yarayan elektrik algılayıcıları, inek ve kuşlarda ise Dünya'nın manyetik alanına göre yönlenmelerini sağlayan manyetit bulunur. Hayvanlar morötesi ışığı da algılayabilirler. Filler çok uzun mesafelerdeki sesleri işitebilir, köpekler de zengin kokularla dolu bir gerçeklik deneyimi yaşarlar. Doğal seçilimin eritme potası, olabilecek en uç programlama atölyesidir; bu özellikler de genlerin dış dünyadaki bilgiyi iç dünyaya iletmek için bulduğu yollardan yalnızca birkaçıdır. Nihai sonuç, evrimin, gerçekliğin birçok farklı dilimini deneyimleyebilen bir beyin inşa etmiş olmasıdır.

Bütün bunlarla vurgulamak istediğim nokta şu ki, kullanageldiğimiz algılayıcılar öyle çok da temel ve özel nitelikli olmayabilir. Bunlar yalnızca karmaşık bir evrimsel baskılar tarihinden miras aldığımız özelliklerdir; onlara mahkûm değilizdir.

Bu fikri ilkece destekleyen en temel kanıt, "duyusal değiştirim" (sensory substitution) adını alan kavramdan gelir. Bu kavram, duyusal bilginin alışılmadık duyusal kanallar aracılığıyla (örneğin, görmenin, dokunma aracılığıyla) iletildiği durumlar için kullanılır. Beyin, bu bilgiyle ne yapması gerektiğini bir şekilde çözümler; çünkü verilerin hangi yolla geldiği umurunda değildir.

Duyusal değiştirim kavramı, ilk bakışta bilimkurgu çağrışımı yapsa da, aslında oldukça yerleşik bir olgudur. Bununla ilgili ilk bulgular, *Nature* dergisinde 1969 yılında yayımlanmıştı. Nörobilimci Paul Bach-y-Rita, makalesinde görme engelli deney katılımcılarının, nesneleri "görmeyi" öğrenebildiklerini bildiriyordu; görsel bilgilerin onlara sıra dışı bir yolla verildiği durumlarda bile. Çalışmasında görme engelliler, üzerinde biraz değişiklik yapılmış bir dişçi koltuğuna oturtulmuş, bir kameradan akan görüntüler de sırtlarının alt kısmına basınç uygulayan bir dizi küçük pistonun dokunuşuyla bir örüntüye dönüştürülmüştü. Başka bir ifadeyle, kameranın önüne bir daire tutacak olursanız, katılımcı sırtında bir dairenin varlığını hissedecek, kameranın önündeki bir yüz ise, yine sırtında hissettiği bir yüze dönüşecekti. Şaşırtıcıdır ki, görme yetisini kaybetmiş insanlar, nesneleri yorumlamayı öğrenmiş, yaklaşmakta olan nesnelerin boyutça büyüdüğünü bile hissedebilmişlerdi. Bu insanlar, bir anlamda artık sırtları aracılığıyla görebilmekteydiler.

Bu, izleyen birçok duyusal değiştirim örneğinden yalnızca birincisidir. Yaklaşımın günümüzde yararlanılan uyarlamasında ise video akışı bir ses akışına, ya da alın veya dil yüzeyindeki bir dizi küçük şoka dönüştürülür.

Son duruma verilebilecek bir örnek, boyutları bir posta pulununkini geçmeyen BrainPort cihazıdır. Cihaz, dil üzerine yerleştirilen küçük, kafesli bir levha aracılığıyla dile çok küçük elektrik şokları verir. Görme engelli kişi, üzerinde bir kameranın bağlı bulunduğu güneş gözlüklerini takar ve kamera pikselleri dil üzerinde, bir gazlı içeceğin verdiği hisse benzer bir his veren küçük elektrik atımlarına dönüştürülür. BrainPort cihazını kullanan görme engelliler, zaman içinde epeyce ustalık kazanarak engelli parkurlarda dolaşabilir, hatta basket atar hale bile gelmektedirler. Kaya tırmanışlarında bu cihazdan yararlanan görme engelli sporcu Erik Weihenmayer ise, dilinde oluşan örüntülerden yola çıkarak sivri kayalık ve yarıkların konumunu belirleyebilmektedir.

Dille "görmek" fikri size inanılmaz geliyorsa görme eyleminin, kafatasınızın karanlığına akan elektrik sinyallerinden başka bir şey olmadığını aklınızda tutun, yeter. Bunun normalde görme sinirleriyle gerçekleşmesi, bilgilerin başka sinirler aracılığıyla akamayacağı anlamına gelmez. Duyusal değiştirim olgusunun gösterdiği üzere, beyin gelen her türlü veriyi alır ve onunla ne yapabileceğini hesaplar.

Laboratuvarımda yürütülen projelerden biri de, duyusal değiştirime olanak tanıyacak bir zemin hazırlamak üzerine. Bunun için Çok Yönlü Duyu-Ötesi Dönüştürücü (Versatile Extra-Sensory Transducer - VEST) adı verilen, teknolojik bir tür yelek hazırladık. Normal giysilerin altına, göze çarpmayacak şekilde giyilebilen VEST, titreşimli küçücük motorlarla kaplanmış durumda. Bu motorlar veri akışlarını vücut boyunca yayılan dinamik titreşim örüntülerine dönüştürüyor. VEST'in amacı, işitme engellilerin işitmesini sağlamak.

Doğuştan işitme engelli olan bir kişi, VEST aygıtını yaklaşık beş gün boyunca kullandıktan sonra, konuşulan sözcükleri doğru olarak belirleyebiliyor. Deneylerimiz henüz başlangıç aşamasında olsa da, VEST'in kullanımını izleyen birkaç ayın sonunda, kullanıcıların –özünde işitmeyle eşdeğer olan– bir dolaysız algısal deneyim yaşayabileceklerini umuyoruz.

İnsanların, vücutta dolanan titreşim örüntüleri aracılığıyla işitebilecek duruma gelebilecek olmaları tuhaf gelebilir. Ama tıpkı dişçi koltuğu ya da dildeki levhayla olduğu gibi, işin özü şudur: Beyin bilgiyi aldığı sürece, nasıl aldığı umurunda değildir.

DUYU TAKVİYESİ

Duyusal değiştirim, bozuk duyusal sistemlerin üstesinden gelmek için çok iyi bir çözümdür. Peki aynı teknolojiyi, bir duyunun yerine bir başkasını koymanın ötesinde, duyusal envanterimizi genişletmek için de kullansak? Bu noktadan hareketle, dünyayla ilgili deneyimlerimizi duyular repertuarına yenilerini ekleyerek zenginleştirmek amacıyla, şu sıralarda öğrencilerimle birlikte çalışmalar yürütmekteyiz.

Şunu bir düşünün: İnternette petabaytlar düzeyinde veri akışları gerçekleşmekte ve bu akış içinde birçok ilginç veri yer almaktadır. Ancak halen bu bilgiye erişmemizin tek yolu telefon ya da bilgisayar ekranına gözümüzü dikip bakmaktır. Ama ya vücudunuza gerçek-zamanlı veri akışı gerçekleştirilebilse, bu da dünyaya ilişkin dolaysız deneyimlerinizin bir parçası olsaydı? Bir başka deyişle, ya verileri hissedebilseydiniz? Sözünü ettiğimiz, hava durumu, borsa ya da Twitter verileri, bir uçak kokpitinden gelen veriler ya da bir fabrikanın durumuyla ilgili veriler olabilir. Ama bunların özelliği, beynin anlamayı zamanla öğrendiği yeni bir titreşimsel dille kodlanacak olmalarıdır. Bunun mümkün olması durumunda, günlük işlerinizin peşinde koşarken iki yüz kilometre ötede yağmur yağıp yağmadığı ya da ertesi gün kar yağıp yağmayacağıyla ilgili doğrudan bir algıya sahip olabilir ya da küresel ekonominin gidişatını bilinçaltınızda tespit edip borsanın durumu hakkında öngörüler geliştirebilirsiniz. Bakarsınız, Twitter ortamında hâkim olan eğilimleri de hissetmiş ve türün bilincine de erişim sağlamışsınız.

Bunlar bilimkurgu izlenimi verse de, beynin –çaba göstermediğimiz zamanlarda bile– örüntü bulma yeteneği sayesinde bu tür bir gelecekten çok da uzak sayılmayız. Karmaşık verileri bünyemize alıp bunları

VEST İLE "İŞİTMEK"

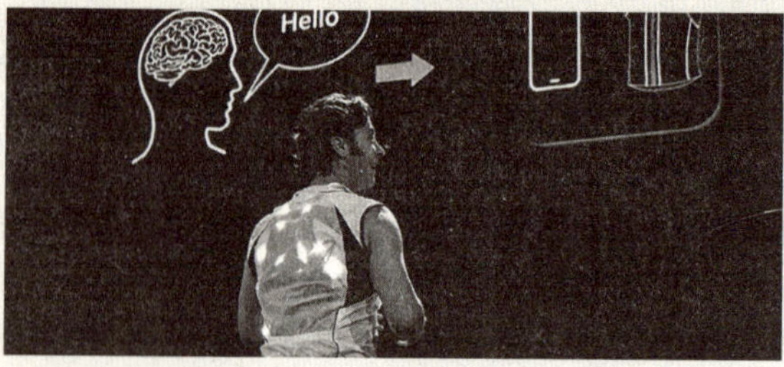

İşitme engellilere, işitme yerine geçebilecek bir başka duyu sağlayabilmek için, lisansüstü öğrencim Scott Novich'le birlikte VEST (Çok Yönlü Duyu-Ötesi Dönüştürücü - Versatile Extra-Sensory Transducer) adını verdiğimiz bir düzenek inşa ettik. Bu giyilebilir teknolojinin özelliği, ortamdaki sesleri yakalayarak bütün gövdeyi saran küçük titreşimli motorlar üzerinde haritalamasıdır. Motorlar, sesin frekansına göre değişen örüntüler halinde etkinleşir ve ses, bu şekilde hareketli titreşim örüntülerine dönüştürülmüş olur.

Bu titreşimli sinyaller başlangıçta kullanıcıya anlamlı gelmese de, yeterince alıştırma yapan beyin, verileri nasıl işlemesi gerektiğini zamanla öğrenir; kullanıcı da gövdesinde hissettiği karmaşık örüntüleri, kendisine söylenenlerle ilgili bir anlayışa çevirme yetisini kazanır. Beyin, örüntülerdeki şifreyi bilinçdışı mekanizmalarla çözümler. Bunlar, görme engelli bir kişinin, Braille alfabesinde yazılanları zahmetsizce okumasında rol oynayan mekanizmalara benzer.

VEST, işitme engelliler için her şeyi değiştirebilecek bir potansiyel taşımaktadır. Koklear implantlardan farklı olarak ameliyat gerektirmediği gibi, onlardan yirmi kat ucuzdur da. Bu özellik, VEST'i küresel ölçekte geçerli olabilecek bir çözüm haline getirir.

VEST için daha geniş kapsamlı bir kullanım da düşünülmektedir: Bu teknoloji sesin ötesinde, herhangi türden bir bilgi akışının beyne ulaşması için bir platform olarak işlev görebilir.

VEST ile yapılan uygulamaları görmek için eagleman.com adresine girebilirsiniz.

dünyayla ilgili duyusal deneyimimizin bir parçası haline getirmemizi mümkün kılabilecek olan da beynin bu özelliğidir. Bunun gerçek olması durumunda yeni veri akışlarını almak, bu sayfayı okumak kadar zahmetsiz olacaktır. Ancak yeni duyu ilavesi, dünyayla ilgili bilgi almanın bir yoludur yalnızca; kitap okumaktan farklı olarak, bilinçli katılımımızı gerektirmez.

Beynin kapsamına alacağı veri türlerinin sınırlarını –ya da bunların bir sınırının olup olmadığını– halihazırda bilmiyoruz. Ama artık evrimin zaman ölçeğinde gerçekleşecek duyusal uyum süreçlerini beklemek zorunda olan doğal türlerden sayılamayacağımız açık. Geleceğe doğru ilerledikçe, dünyaya açılan duyusal kapılarımızı da giderek artan oranda kendimiz tasarlayacak, bizi genişlemiş bir duyusal gerçekliğe götürecek olan bağlantıları yine kendimiz kuracağız.

DAHA İYİ BİR VÜCUT İÇİN

Dünyayı nasıl algıladığımız, çoğunlukla hikâyenin yarısıdır; diğer yarısı ise onunla nasıl etkileşim kurduğumuzdur. Duyusal benliğimizi değişime uğratmaya başlattığımız gibi, acaba beynin esnekliğini de, dünyaya dokunuşumuzu değiştirecek şekilde geliştirebilir miyiz?

Sizi Jan Scheuermann ile tanıştırayım. Ender görülen bir tür genetik "spinoserebellar" hastalıktan dolayı, Jan'in beynini kaslara bağlayan omurilik sinirleri zarar görmüş durumda. Vücudunu hissedebilse de hareket ettiremiyor. Kendisi şöyle ifade ediyor durumunu: "Beynim, koluma 'kalk' komutunu veriyor, ama kolum ona 'seni duyamıyorum' diye cevap veriyor." Ancak felcin tüm vücudunu etkilemiş olması, onu Pittsburgh Üniversitesi Tıp Okulu'nda gerçekleştirilmekte olan yeni bir çalışma için ideal aday konumuna getirmiş bulunuyor.

Burada araştırmacılar, Jan'in sol motor korteksine iki elektrot yerleştirmişler. Burası, beyin sinyallerinin kol kaslarını yönetmek üzere omurilikten aşağı yönelmeden önce uğradıkları son durak. Korteksteki elektrik fırtınaları böylece izleniyor, niyetlerini anlamak üzere bilgisayarda çevriliyor ve çıktı da dünyanın en gelişkin robot kolunu denetlemekte kullanılıyor.

Jan robot kolu hareket ettirmek istediğinde tek yapması gereken, onu hareket ettirmeyi düşünmek. Jan, kolu hareket ettirdikçe ona hitap etmeyi yeğliyor: "Yukarı çık. Aşağı in. Aşağı, aşağı, aşağı. Sağa git. Ve yakala. Bırak." Komutları sesli olarak dile getirdiği halde, aslında bunu yapmasına gerek yok; çünkü beyniyle kol arasında doğrudan fiziksel bir bağlantı kurulmuş durumda. Jan, kollarını en son hareket ettireli on yılı geçmiş olmasına rağmen, beyninin bunu unutmamış olduğunu söylüyor. Ona göre bu iş, "tıpkı bisiklete binmek gibi."

Jan'in ulaştığı düzey, teknolojiyi yalnızca kol-bacak ya da organların yerine yenilerini koymak için değil, vücudumuzun durumunu iyileştirip sınırlarını genişletmek, onu insan kırılganlığının ötesine taşıyıp daha dayanıklı ve sağlam hale getirmek için kullanabileceğimiz bir geleceğe işaret eder. Jan'in robot kolu, doğuştan sahip olduğumuz deri, kas ve kırılgan kemiklerden çok daha güçlü ve uzun ömürlü aygıtları komuta edebileceğimiz bir biyonik çağın yaklaşmakta olduğunun ilk işaretidir yalnızca. Dahası, bu teknoloji başka birçok şeyin yanında, kırılgan vücutlarımızın pek de uygun sayılmadığı uzay yolculukları için de yeni ufuklar açmaktadır.

İlerlemekte olan beyin-makine arayüz teknolojisi, kol ve bacak protezlerinin ötesinde, ilginç başka olasılıklara da gebe görünüyor. Vücudunuza, onu şimdikinden çok farklı kılacak eklemeler yaptığınızı düşünün. Şöyle bir fikirle yola çıkabilirsiniz: Beyin sinyallerinizi, odanın diğer köşesindeki bir makineye kablosuz olarak kumanda etmek için kullanmak nasıl bir şey olurdu? Ya da bir yandan e-postalarınızı yanıtlarken bir yandan da motor korteksinizi, düşünceyle kumanda edilebilen bir elektrikli süpürgeyi çalıştırmak için kullanabilmek? Bu fikri uygulamaya dönüştürmek başlangıçta olanaksız gibi görünebilir; ama bu noktada beynin işleri perde arkasından yürütmede çok başarılı olduğunu ve bunun için bilince pek de ihtiyaç duymadığını hatırlamak gerek. Araba kullanırken bir yandan yanınızdakiyle konuşup bir yandan da radyonun düğmesiyle oynamanın ne kadar kolay olduğunu düşünün, yeter.

Uygun bir beyin-makine arayüzü ve kablosuz teknolojinin varlığında, bir vinç ya da forklift gibi büyük makineleri düşüncelerinizle kablosuz olarak ve belirli bir mesafeden kaldırmamanız için neden yoktur. Bu, bir kürekle kumu kazmanız ya da gitar çalmanızdan çok da farklı bir şey değildir. Bu konudaki beceriniz, görme duyunuzdan yararlandığınız duyusal geribildirimle (makinenin hareketlerini izleyerek), hatta belki de geribildirimin duyu-motor korteksine yapılmasıyla (makinenin hareketlerini hissederek) güçlendirilebilir. Kol ve bacaklarını kontrol etmeyi öğrenene kadar, elinden onları sağa sola savurmaktan başka bir şey gelmeyen bir bebekte olduğu gibi, bu yeni kol ve bacakları kontrol etmek de birçok alıştırma gerektirecek ve hareketler başlangıçta belki hantalca olacaktır. Ancak bu makineler zamanla sıra dışı güce sahip (hidrolik ya da başka türden), etkili birer ilave kol ya da bacağa dönüşecektir. Bütün bunlar gerçekleşirse, şu anda kol ve bacaklarınızı nasıl hissediyorsanız, bu makineleri de öyle hissedebileceksiniz. Bunlar, sizin basit birer uzantınız; fazladan sahip olduğunuz bir kol ya da bacak konumunda olacaklar.

Beynin, bünyesine dahil etmeyi öğrenebileceği sinyal çeşitlerinde teorik olarak bir sınırlama yok. Belki de istediğimiz herhangi türden bir fiziksel vücuda sahip olabilir, dünyayla istediğimiz her türlü etkileşime girebiliriz. Uzantılarımızdan biri gezegenin öbür ucundaki bir işle meşgulken ya da Ay'daki kayaları kazarken, bizim de Dünya'da bir sandviçin tadını çıkarmamamız için pek bir neden görünmüyor ortalıkta.

Dünyaya geldiğimizde sahip olduğumuz vücut, aslında insanlık için yalnızca bir başlangıç noktasıdır. Uzak gelecekte yalnızca fiziksel vücudumuz değil, benlik duygumuz da genişlemeye tabi olacaktır. Yeni duyusal deneyimler kazanıp yeni vücut türlerini kontrol etmeye başlamamız, birer birey olarak bizi de derinden değiştirecektir: Nasıl hissettiğimiz, nasıl düşündüğümüz ve kim olduğumuzla ilgili olarak sahneyi hazırlayan, fiziksellliğimizdir. Standart duyular ve standart vücudun sınırlamaları ortadan kalktığında, biz de farklı insanlar oluruz. İleriki nesillerde dünyaya gelen torunlarımız, bu nedenle kim olduğumuzu ve bizim için önem taşıyan şeyleri anlamak için çaba sarf etmek zorunda kalabilirler. Tarihin bulunduğumuz şu noktasında Taş Devri atalarımızla paylaştığımız ortak yönlerimiz, yakın gelecekteki torunlarımızla kıyaslandığında daha fazla olabilir.

ÖLÜME İNAT

İnsan vücuduna parçalar eklemeye şimdiden başlamış bulunuyoruz. Ancak vücudumuzu ne kadar geliştirirsek geliştirelim, engellenmesi mümkün görünmeyen bir çıkmazın varlığını da unutmamak gerek: Hem beynimiz hem de vücudumuz fiziksel maddeden yapılmış olduğundan er veya geç bozulmaya uğrayacak ve öleceklerdir. Bütün nöral etkinliklerin duruverdiği bir an gelecek ve bilinç adını alan muhteşem deneyim son bulacaktır. Kimleri tanıdığınızın, ne yaptığınızın bu noktada hiç bir önemi yoktur; çünkü bu hepimizin kaçınılmaz kaderidir. Ve sadece insanların değil tüm yaşamın kaderi. Ama insanlar sıra dışı bir öngörüye sahip olduklarından, bu gerçeğin bilgisiyle canı yanan da sadece onlardır.

Ancak acı çekmeye razı olmayıp ölümün korkunç yüzüyle savaşmayı yeğleyenler de yok değildir. Biyolojimizle ilgili daha iyi bir anlayışın ölümlülük sorununu irdelemeyi mümkün kılacağı fikri, dünyanın çeşitli bölgelerine dağılmış araştırmacı gruplarının ilgisini çekmektedir. Yaklaşımı bir soruyla özetleyecek olursak: Gelecekte ölüm kaçınılmaz olmaktan çıkabilir mi?

Hem dostum hem de akıl hocam olan Francis Crick kremasyonla uğurlandığında, yanıp kül olan o çok değerli nöral maddeye çok yazık olduğunu düşünmüştüm. O beyin, yirminci yüzyıl biyolojisinin en büyük şampiyonlarından birinin bütün bilgisini, bilgeliğini ve zekâsını içeriyordu. Anılarını, kavrama yeteneğini, mizah gücünü, özetle bütün yaşamını içeren arşivler, beyninin fiziksel yapısı içinde saklanmıştı. Ve sırf kalbi durdu diye, herkes sabit sürücüyü de gözden çıkarmaya razıydı. Bu beni düşünmeye itmişti: Beynindeki bilgiler bir şekilde korunabilir miydi? Beynin kendisi korunabilirse, bir insanın düşünceleri, farkındalığı ve birey olarak özelliklerine yeniden hayat vermek de mümkün olabilir miydi?

Alcor Yaşam Uzatma Vakfı son elli yıldır, bugün hayatta olan insanlara gelecekte ikinci bir yaşam döngüsünün tadını çıkarma şansı vereceğini düşündüğü bir teknoloji geliştiriyor. Kuruluşun, biyolojik çürümeyi önleyen bir derin dondurucuda saklamakta olduğu kişilerin sayısı, şu anda 129.

Dondurarak saklama yöntemi şöyle işler: İlgili taraf, hayat sigortası poliçesini imzalayarak vakfa devreder. Ölümü resmen ilan edildikten sonra ise Alcor bilgilendirilir ve yerel bir ekip ölüyle ilgili işlemleri yapmak üzere hızla devreye girer.

Ekip, ölüyü hemen bir buz banyosuna yerleştirir. Kriyo-koruyucu perfüzyon olarak anılan süreçte, vücut soğudukça hücrelerin zarar görmemeleri için on altı farklı kimyasalın vücutta dolaşımı sağlanır. Ölü, bundan sonra işlemin son aşaması için mümkün olduğunca hızlı biçimde Alcor'un ameliyat salonuna alınır. Vücudu, burada bilgisayarla denetlenen ve çok düşük sıcaklıklardaki azot gazının dolaşımını sağlayan fanlar aracılığıyla soğutulur. İşlemin bu aşamasında gözetilen hedef, buz oluşumunu önlemek için vücudun bütün kısımlarını mümkün olduğunca hızlı biçimde -124^{0}C'nin altına soğutmaktır. Yaklaşık üç saat süren bu işlemin sonucunda, vücut artık camsı hale gelmiş, yani buzdan arınmış olduğu kararlı bir duruma ulaşmıştır. Bunu izleyen iki hafta içinde de -196^{0}C'ye soğutulur.

Bu arada, tüm vücudu dondurmamayı yeğleyen müşteriler de vardır. Yalnızca başın korunması, daha ucuz bir seçenektir. Ameliyat masasındaki gövdeden ayırma işlemi sırasında baş, diğer seçenekte olduğu gibi kan ve diğer sıvılardan arındırılır ve bunların yerine dokuları yerinde sabitleyen sıvılar eklenir.

İşlemin sonunda müşteriler, içinde çok düşük sıcaklıklara kadar soğutulmuş bir sıvı bulunan dev çelik silindirlere alınırlar. Uzun bekleme süresini geçirecekleri yer artık burasıdır. Alcor'un bu donmuş sakinlerinin nasıl başarılı bir şekilde "çözülüp" hayata döndürüleceğini şu anda kimse bilmese de, önemli olan bu değildir. Bu konudaki umutlar, günün birinde bu toplulukta yer alan kişileri dikkatlice çözüp onlara yeniden can verecek teknolojinin er veya geç geliştirileceği yolundadır. Uzak gelecekteki uygarlıkların bu vücutları yıkıp döken, sonunda da durma noktasına getiren hastalıkları

YASAL ÖLÜM
BİYOLOJİK ÖLÜM

Klinik olarak beyin ölümü gerçekleşmiş ya da solunum ve dolaşımı geri döndürülemez biçimde durmuş olan bir kişi, yasal olarak ölmüş ilan edilir. Beynin ölmüş sayılması için ise, kortekste görece üst düzey işlevlerle ilgili bütün etkinliklerin durmuş olması gerekir. Beyin ölümü gerçekleştikten sonra, organ ya da vücut bağışı için hayati işlevlerin korunması mümkündür; ki bu, Alcor için kritik önem taşıyan bir gerçektir. Öte yandan biyolojik ölüm, herhangi bir müdahalenin yokluğunda ve bütün vücuttaki, yani hem organlar hem de beyindeki hücrelerin ölümüyle gerçekleşir. Biyolojik ölüm, organların artık bağış için uygun olmadığı anlamına da gelir. Dolaşımdaki kandan gelen oksijenin yokluğunda vücut hücreleri hızla ölmeye başlar. Vücut ya da beyni en az bozulmaya uğramış halde saklamak için, hücre ölümünün mümkün olduğunca hızlı biçimde durdurulması, en azından yavaşlatılması gerekir. Buna ek olarak, soğutma sırasında öncelik, hücrelerin hassas yapılarına zarar verebilecek kristal oluşumunu önlemektir.

alt edecek teknolojiye sahip olacakları varsayımı da bu umudun içinde yer alır.

Alcor üyeleri, onları hayata döndürecek teknolojiye hiç bir zaman ulaşmama olasılığı bulunduğunun farkındalar. Alcor tanklarında beklemekte olan herkes "inanç sıçramasıyla" kalkışmış bu işe; onları yeniden çözüp, hayata döndürüp ikinci bir şans tanıyacak olan teknolojinin er veya geç geleceği umuduyla. Bu girişim, gerekli teknolojinin gelecekte var olacağı varsayımı üzerine oynanmış bir kumar. Konuştuğum üyelerden biri (ki, kendisi de zamanı geldiğinde tanka yapacağı nihai girişi bekleyenlerden), bütün fikrin bir tür bahis olduğunu kabul ediyor, ama bir noktaya da dikkat çekiyordu: Bu, ona ölümü yenme konusunda en azından hiç yoktan iyi denebilecek bir şans tanıyordu; bu açıdan, geri kalan herkesten bir adım öndeydi.

Kuruluşun işleyişinden sorumlu Dr. Max More, "ölümsüzlük" sözcüğünü kullanmamaya dikkat ediyor. More'un ifadesiyle Alcor'un asıl hedefi, insanlara belki bin yıl belki de daha uzun süre hayatta kalma potansiyeli sağlayarak ikinci bir yaşam şansı tanımak. O zaman gelene kadar, Alcor onların son uykularına yattıkları yer olacak.

DİJİTAL ÖLÜMSÜZLÜK

Ömrünü uzatmaya hevesli herkesin dondurularak saklanmaya sıcak baktığı söylenemez. Probleme farklı bir çizgiden yaklaşanlar da var: Beyinde saklanmış bilgiye erişmenin başka yolları olamaz mı? Ölmüş bir insanı tekrar diriltmek yerine verileri doğrudan okumanın bir yolunu bularak belki? Beyninizin mikroskobik ölçekte ayrıntılandırılmış yapıları bütün bilginizi ve anılarınızı sakladığına göre, bu kitabın şifrelerini çözmek neden mümkün olmasın?

Bunun neler gerektirdiğine bir göz atalım. Bir kere başlangıç olarak, insan beyninin verilerini ayrıntılarıyla depolayabilmek için inanılmaz düzeyde güçlü bilgisayarlara ihtiyacımız olurdu. Neyse ki, günümüzde katlanarak artmakta olan bilgi işlem gücü, bunun gerçekten de mümkün olabileceğine işaret ediyor. Geçtiğimiz yirmi yıl içinde bilgisayarların hesaplama gücü bin kattan fazla artmış durumda. Bilgisayar çiplerinin işlemleme gücü her on sekiz ayda iki katına çıktığı gibi, bu eğilim devam da ediyor. Günümüzün teknolojileri akıl almaz miktarda veri depolamamıza, devasa boyutlarda simülasyonlar yürütmemize olanak sağlıyor.

Sahip olduğumuz işlemleme potansiyelinden yola çıkarsak, günün birinde insan beyninin işleyen bir kopyasını bir bilgisayar altyapısına taramamız olanaksız görünmüyor. Kuramsal olarak, bu olasılığı dışlayan herhangi bir engel de yok. Ancak bu iddialı düşünceyi gerçekçi bir şekilde ele almak gerekir.

Normal bir beyinde, her biri on bin kadar bağlantı kurmuş yaklaşık seksen altı milyar nöron vardır. Bunlar birbirlerine her kişi için benzersiz olan, son derece özgül bir biçimde bağlanırlar. Deneyimleriniz, anılarınız, sizi *siz* yapan her şey, beyin hücreleriniz arasında kurulmuş bir katrilyon kadar bağlantının oluşturduğu eşsiz bir örüntüyle temsil edilmektedir. Kavrayamayacağımız kadar büyük ve karmaşık olan bu örüntü, sizin "konektom"unuzdur. Princeton Üniversitesi'nden Dr. Sebastian Seung, oldukça iddialı bir çalışma kapsamında, ekibiyle birlikte konektomun ince ayrıntılarını ortaya çıkarmak için uğraş vermektedir.

Üzerinde uğraşılan sistem böylesine küçük ölçekli ve karmaşık olduğunda, bağlantılar ağını haritalamak da o oranda zordur. Seung'un yöntemi ise, son derece keskin bir bıçakla beyin dokusundan aldığı bir dizi çok ince kesiti, seri kesit elektron mikroskopisi yardımıyla incelemektir. (Şu aşamada, yalnızca fare beyinleri kullanılmaktadır.) Bu yöntemde her kesit, çok küçük alanlara bölünür, bunların her biri de muazzam güçteki bir elektron mikroskobuyla taranır. Tarama sonuçları, elektron mikrograf olarak bilinen birer görüntü şeklinde ortaya çıkar. Bu görüntü, beynin yüz bin kez büyütülmüş bir parçasına karşılık gelir. Böyle bir çözünürlükle, beynin ince ayrıntılarını görmek de artık mümkündür.

Bu doku kesiti görüntüleri bilgisayarda depolandıktan sonra işin asıl zor kısmı başlar. Tek tek ele alınan incecik doku dilimlerindeki hücre sınırları –genellikle elle, ama giderek artan biçimde bilgisayar algoritmalarıyla– yine tek tek çizilir. Görüntüler daha sonra üst üste konarak tek haldeki hücreler, dilimler aracılığıyla bir bütün halinde birleştirilmeye çalışılır. Bu işlemin amacı, hücreleri üç boyutlu zenginlikleriyle ortaya çıkarabilmektir. Oldukça dikkat gerektiren bu zahmetli sürecin sonunda, hangi hücrenin hangisine bağlandığını gösteren bir model belirmiş olur.

TEKNOLOJİK DEĞİŞİM HIZI

1965'te, bilgisayar devi Intel'in kurucu ortaklarından Gordon Moore, işlemleme gücündeki gelişme hızıyla ilgili bir tahminde bulunmuştu. "Moore Yasası" olarak bilinen bu tahmine göre, transistörler küçülüp hassaslaştıkça, bir bilgisayar çipine sığabilen transistör sayısı da her iki yılda iki katına çıkacak ve zamanla işlemleme gücünü üssel olarak artıracaktı. Aradan geçen zamanda Moore'un bu öngörüsü doğruluğunu korumuş ve üssel olarak ivmelenen teknolojik değişimler için bir kural haline gelmiştir. Moore Yasası, bilgisayar endüstrisi tarafından uzun dönemli planlamaları yönlendirmede ve teknolojik ilerlemeler için hedef belirlemede kullanılmaktadır. Yasa, teknolojik ilerlemelerin doğrusal değil, katlanarak hızlanmasını öngördüğünden, bugünkü hızla gidilirse önümüzdeki yüz yıl içinde 20.000 yıla eşdeğer bir ilerleme kaydedileceğini ileri sürenler vardır. Bu durumda, kullanmakta olduğumuz teknolojide radikal gelişmeler görmeyi de bekleyebiliriz.

Zaman içinde işlemleme gücünde gerçekleşen ilerleme

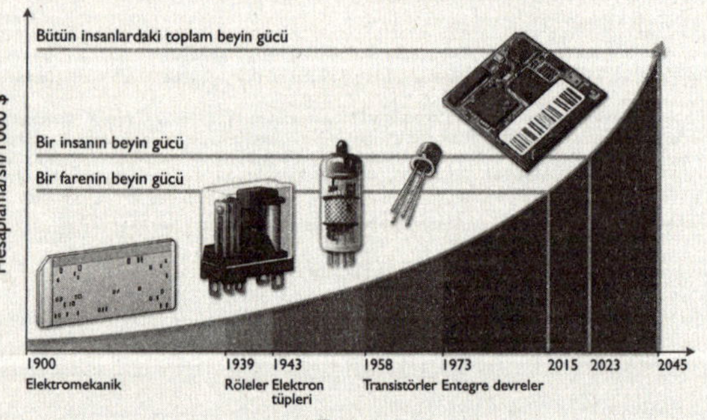

Bağlantılardan oluşmuş bu yoğun, spagetti-vari yapı, metrenin ancak birkaç milyarda birini bulan çapıyla, yaklaşık bir toplu iğne başı büyüklüğündedir. Bu durum göz önüne alındığında, insan beyninin bütün bağlantılarını kapsayan tam bir resim inşa etmenin neden bu kadar göz korkutucu bir iş olduğunu ve bu işi yakın gelecekte tamamlama umudumuzun da neden pek olmadığını anlamak zor değildir. Toplanması gereken veri miktarı öylesine akıl almaz boyuttadır ki, tek bir insan beyninin yüksek çözünürlüklü mimarisini saklamak, yaklaşık bir zettabaytlık kapasite gerektirecektir. Bu ise, şu anda gezegende var olan toplam dijital kapasiteye eşdeğerdir.

Bir an için çok uzak geleceğe gidip, *sizin* konektomunuzun da taramasını elde edebileceğimizi farz edelim. Bu bilgi sizi temsil etmeye yetecek mi? Beyninizin bütün devrelerini kapsayan bu fotoğraf, bilince de sahip olacak mı? *Sizin* bilincinize? Büyük olasılıkla hayır. Çünkü neyin neye bağlandığını gösteren bu devre şeması, ne de olsa işlevsel bir beyindeki sihrin yalnızca yarısıdır. Sihrin diğer yarısı ise, bütün bu bağlantılara paralel olarak süregiden elektriksel ve kimyasal etkinliklerdir. Düşüncenin, duygunun, farkındalığın simyası, beyin hücreleri arasında her saniye gerçekleşen katrilyonlarca etkileşimin bir ürünüdür: salınan kimyasalların, proteinlerdeki biçim değişimlerinin, nöron aksonlarından aşağı akan elektriksel etkinlik dalgalarının.

Konektomun muazzam boyutlarını düşünün, sonra bunu her bir bağlantıda her saniye gerçekleşen çok sayıdaki olayla çarpın, ve işte size problemin boyutları. Ne yazık ki, bu büyüklükteki sistemler, insan beyni tarafından kavranamaz. Ama ne şans ki, sahip olduğumuz bilgi işlem gücü doğru yolda ilerleyerek, sistemin simülasyonu için bir kapı aralıyor bize. Bundan sonraki zorlu aşama, yalnızca var olanı okumak değil, sistemi çalıştırmak olacak.

İşte, İsviçre'deki École Polytechnique Fédérale de Lausanne'dan (EPFL) bir araştırma ekibi de tam olarak böyle bir simülasyon üzerinde çalışıyor. Hedefleri, tam bir insan beyninin simülasyonunu yürütebilecek bir yazılım ve donanım altyapısını, 2023'e kadar tamamlamış olmak. İnsan Beyni Projesi, verilerin, dünyanın birçok köşesindeki nörobilim laboratuvarlarından toplandığı iddialı bir araştırma projesi. Bu çerçevede elde edilen veriler; tek haldeki hücrelere ait verilerden (içerik ve yapı) konektom verilerine ve nöron gruplarındaki büyük ölçekli etkinlik örüntülerine ilişkin bilgilere kadar değişiyor. Her deneyle birlikte gezegende yavaş yavaş beliren yeni bulguların her biri, dev bir bulmacanın küçücük bir parçası. İnsan Beyni Projesi'nin amacı, yapı ve davranış açısından gerçekçi biçimde yansıtılacak olan nöronların bütün ayrıntılarıyla birlikte yer aldığı bir beyin simülasyonu gerçekleştirmek. Ancak insan beyni, böylesi iddialı bir hedef ve Avrupa Birliği'nden gelen bir milyar euro'luk desteğin varlığında bile henüz tümüyle erişilmez durumda. Şimdiki hedefimiz, bir sıçan beyni simülasyonuyla yetinmek zorunda.

Tam haldeki bir insan beynini haritalayıp simüle etme hedefiyle atıldığımız çabanın başlarında olsak

SERİ KESİT ELEKTRON MİKROSKOPİ YÖNTEMİ VE KONEKTOM

Çevreden gelen sinyaller, beyin hücreleri tarafından taşınan elektrokimyasal sinyallere dönüştürülürler. Bu, beynin vücut dışındaki dünyada yer alan bilgiyle bağlantı kurduğu ilk aşamadır.

Birbirine bağlı milyarlarca nöronun oluşturduğu yoğun yumağı izlemek özelleşmiş bir teknoloji kadar, dünyanın en keskin bıçağını da gerektirir. "Seri blok-yüzeyi taramalı elektron mikroskopi" adını alan yöntemle, alınan küçücük beyin dokusu dilimlerinin içerdiği nöral yollar, bir bütün olarak yüksek çözünürlüklü ve üç boyutlu modeller halinde ortaya çıkarılır. Bu, beynin üç boyutlu görüntülerini nano-ölçekteki bir çözünürlükle (metrenin milyarda biri) veren ilk tekniktir.

Taramalı elektron mikroskobunun içine yerleştirilmiş yüksek hassasiyetli bir elmas bıçak, çok küçük bir beyin dokusu blokunu, tıpkı şarküterilerde kullanılan dilimleyicilerin yaptığı gibi dilim dilim böler; öyle ki dilimler, bir film şeridindeki kareler gibi yan yana sıralanırlar. Bu incecik dilimlerden her biri, bundan sonra elektron mikroskobuyla taranır ve ortaya çıkan görüntüler dijital olarak üst üste yerleştirilerek, blokun yüksek çözünürlüklü bir üç boyutlu modeli ortaya çıkarılır.

Her dilimin taşıdığı özelliklerin tek tek incelenmesiyle de, birbiriyle kesişen ve birbirine dolanan nöron bağlantılarından oluşmuş yumaktan bir model belirir. Ortalama bir nöronun, metrenin 4 ila 100 binde biri boyunda ve yaklaşık 10.000 farklı dala sahip olduğu düşünülürse, işin zorluğu hemen anlaşılacaktır. Bir insan konektomunun tümünü ortaya çıkarmak için, önümüzde daha birkaç onyıl olduğu düşünülmektedir.

da, bu noktaya ulaşmamamız için kuramsal bir sebep yok. Ama önemli bir soru daha gündeme geliyor bu noktada: Beynin çalışır durumdaki simülasyonu bilince de sahip olabilecek mi? Eğer ayrıntılar iyi yakalanıp simülasyon da doğru biçimde gerçekleştirilirse, karşımızdaki şey duyusal bilince ve farkındalığa sahip, düşünebilen bir varlık mı olacak?

BİLİNÇ İÇİN MUTLAKA FİZİKSEL MADDE GEREKİR Mİ?

Bilgisayar yazılımlarının farklı donanımlarda çalışabilmesi gibi, zihinsel yazılımların da başka platformlarda çalışması söz konusu olabilir. Bu olasılığı şu soruyla da ifade edebiliriz: İnsanı olduğu kişi yapan şey, biyolojik nöronların kendilerinde var olan çok özel bir nitelik değil de, yalnızca bu nöronların birbirleriyle iletişim kurma biçimiyse? "Bilgisayımsal (kompütasyonel) varsayım" adını alan bu fikir, asıl önem taşıyan unsurların nöronlar, sinapslar ve diğer biyolojik birimlerden çok, bunların yürütmekte olduğu işlem ve hesaplamalar olduğunu ileri sürer. Buna göre farkı yaratan şey beynin fiziksel açıdan ne olduğu değil, ne yaptığıdır.

Durum gerçekten böyleyse, bu, beynin kuramsal olarak herhangi bir platformda çalıştırılabileceği anlamına gelir. Bilgisayımsal işlemler doğru biçimde yol aldıkları sürece, bütün düşünceleriniz, duygularınız ve karmaşıklığınızın da, yeni malzeme içinde gerçekleşmekte olan karmaşık etkileşimlerin ürünü olarak ortaya çıkması beklenir. Kuramsal olarak, hücrelerin

SIÇAN BEYNİ

İnsanlık tarihinin önemli bir bölümü boyunca kötü bir nam yapmış olan sıçanlar, modern nörobilimin birçok araştırma alanında farelerle birlikte oldukça önemli rol oynarlar. Sıçan beyni, fare beyninden büyüktür; ama her ikisi de insan beyniyle önemli benzerlikler taşır. Bu benzerlik, özellikle de soyut düşünme için son derece önemli olan dış tabakanın, yani beyin korteksinin düzenlenmesinde göze çarpar.

İnsan beyninin dış tabakası olan korteks kendi üzerine katlanarak kafatasının hacmine daha fazla malzeme sığdırmış olur. Bir yetişkin korteksinin kıvrımlarını açıp yassılaştırabilseydiniz, yaklaşık 2.500 santimetre karelik bir alanı (küçük bir masa örtüsü kadar) kapladığını görürdünüz. Buna karşılık sıçan beyninin yüzeyi kıvrımsızdır. Boyut ve görünüş açısından iki beyin arasında bariz farklılıklar olmasına rağmen, hücresel düzeyde temel benzerlikler de vardır.

Bir sıçan nöronuyla insan nöronunu mikroskop altında ayırt etmek neredeyse olanaksızdır. İki beyin de benzer biçimde bağlantılar kurar ve aynı gelişimsel evrelerden geçerler. Sıçanlar koku ayırt etmekten labirent içinde yol bulmaya kadar, bilişsel birtakım etkinliklerde bulunmak üzere eğitilebilirler. Bu ise araştırmacılara, sıçanlardaki nöral etkinliklerin ayrıntılarını belirli eylemlerle ilişkilendirme olanağı sağlar.

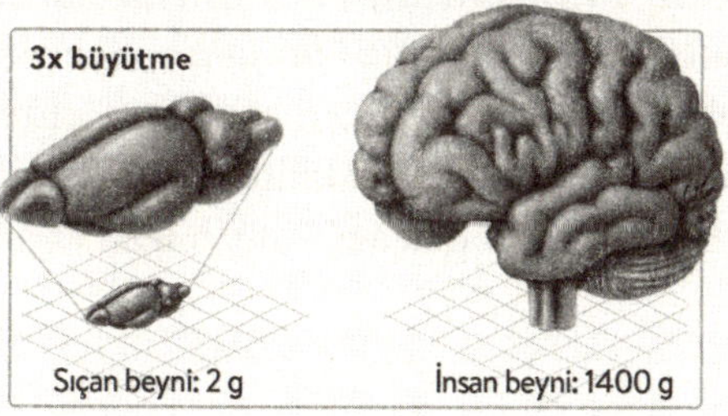

yerini devreler, oksijenin yerini elektrik alabilir: Ortamın kendisi önemli değildir; yeter ki bütün parça ve birimler doğru biçimde bağlanıp etkileşime girsin. Bu şekilde, biyolojik bir beynin yokluğunda bile, sizin tümüyle çalışır durumdaki bir simülasyonunuzu da "yürütmek" mümkün olabilir. Bilgisayımsal varsayıma göre, bu simülasyon gerçekte "siz"in ta kendinizdir.

Beyinle ilgili bilgisayımsal varsayım, adının da belirttiği gibi yalnızca bir varsayım, doğru olup olmadığını henüz bilmediğimiz bir fikirdir. Beynin biyolojik ağ yapısı, özel ve henüz keşfetmediğimiz bir nitelik taşıyabilir; ki, bu da dünyaya geldiğimiz biyolojiye mahkûm olduğumuz anlamına gelir. Ama bilgisayımsal varsayım doğruysa, beyin bir bilgisayarda da yaşamını sürdürebilecek demektir.

Zihni simüle etmenin mümkün olduğu anlaşılırsa, bu sefer de farklı bir soru gündeme gelecektir: Bunu geleneksel biyolojik yöntemi kopyalayarak yapmamız şart mı? Yoksa farklı türden bir zekâ da yaratabilir miyiz? Kendi buluşumuz olan? Sıfırdan?

YAPAY ZEKÂ

İnsanlık uzun zamandır düşünebilen makineler yapmaya çalışıyor. Yapay zekâ adını alan bu araştırma alanı, en az 1950'lerden beri varlığını sürdürmekte. Alanın öncüleri bu konuda son derece iyimser olsalar da, problemin beklenmedik ölçüde zor olduğu artık ortaya çıkmış bulunuyor. Yakında kendi kendini sürebilen arabalara sahip olacağız. Bir bilgisayarın satranç büyükustalarından birini yenmesinin üzerinden de neredeyse yirmi yıl geçti; ama gerçek anlamda duyusal bilince sahip bir makinenin geliştirilmesi için daha bir süre beklememiz gerekecek. Küçükken, bizimle etkileşim halinde olan, bize bakan ve bizimle anlamlı konuşmalar yapan robotların ben büyüyene kadar yapılmış olacağını düşünürdüm. Böyle bir sonuçtan hâlâ epeyce uzakta olmamız, beynin işleyişindeki gizemin çok derinlerde yattığını ve Tabiat Ana'nın sırlarını çözmek için daha çok yol almamız gerektiğine işaret eder.

Yapay zekâ geliştirmek için atılan en son adımlardan biri, İngiltere'deki Plymouth Üniversitesi'ne aittir. Burada inşa edilen insansı robot iCub, bir çocuk gibi öğrenmek üzere tasarlanmıştır. Robotlar genellikle, yapacakları işler hakkında bilmeleri gerekenler gözetilerek önceden programlanırlar. Peki ama ya robotlar da insan yavrularının geliştiği gibi gelişebilir ve dünyayla etkileşime girerek, taklit ederek ve örneklerle öğrenerek yol alabilirse? Ne de olsa bebekler de dünyaya konuşmayı ve yürümeyi öğrenmiş olarak gelmezler; ama merak duygusuna sahiptirler, dikkatlerini verebilir ve taklit edebilirler. Bebekler, çevrelerindeki dünyayı örneklerle öğrenmenin bir aracı olarak kullanırlar.

iCub'ın boyutları, iki yaşında bir bebeğinki kadar. Sahip olduğu gözler, kulaklar ve dokunma sensörleri, onun dünya ile etkileşime girip hakkında bilgi sahibi olmasını sağlıyor.

iCub'a tanımadığı bir nesne uzatır ve nesneyi adlandırırsanız ("bu bir kırmızı top"), bilgisayar programı, nesnenin görüntüsüyle ona atanan sözel etiketi ilişkilendirebiliyor. Bu nedenle kırmızı topu ona bir daha verdiğinizde "bu ne?" diye sorarsanız, size "bu bir kırmızı top" yanıtını veriyor. Hedef, kurulan her etkileşimle robotun bilgi dağarcığına sürekli olarak eklemeler yapabilmesi. Robot, iç kodları bünyesinde değişiklikler yapıp bağlantılar kurarak, doğru yanıtlardan oluşan bir dağarcığı zamanla inşa edebiliyor.

iCub sıklıkla hata yapıyor. Önüne birkaç nesne birden sürüp onu hepsini birden adlandırmaya zorlarsanız, hataların yanı sıra çok sayıda "bilmiyorum" yanıtıyla da karşı karşıya kalıyorsunuz. Bu, aslında sürecin bir parçası olmakla birlikte, zekâyı yapay olarak inşa etmenin ne kadar zor olduğunu da gösteriyor.

iCub ile etkileşim içinde epeyce bir zaman geçirdim ve söylemeliyim ki bu, oldukça etkileyici bir proje. Ancak orada kaldığım süre uzadıkça, programın ardında bir zihin olmadığı da giderek daha bariz hale geliyordu. Kocaman gözleri, dostane sesi ve çocuksu hareketlerine rağmen, iCub'ın duyusal bilinç taşımadığı açık. Onu çalıştıran bir düşünceler zinciri değil, çeşitli kod dizileri. Ve yapay zekânın henüz başlangıç aşamasında olmamıza karşın, felsefenin eski ve derin bir sorusunu yeniden irdelemeden edemiyoruz: Bilgisayar kod dizilerinin düşünecek hale gelmesi gerçekte mümkün olabilir mi? iCub "kırmızı top" derken, gerçekten de kırmızı rengi ya da yuvarlaklık kavramını deneyimliyor mu? Bilgisayarlar neyle programlandılarsa yalnızca onu mu yaparlar, yoksa bir iç deneyim yaşamaları söz konusu mudur?

BİLGİSAYARLAR DÜŞÜNEBİLİR Mİ?

Bir bilgisayarın, farkındalık ya da zihin taşıyacak şekilde programlanması umudu var mıdır? Felsefeci John Searle, 1980'li yıllarda bu sorunun tam kalbine yönelen bir düşünce deneyi geliştirmişti. Searle, deneye Çin Odası Argümanı adını vermişti.

Deneyi şöyle açıklayalım: Bir odaya kilitlenmiş durumdayım. Bana kapıdaki küçük bir yarıktan sorular gönderiliyor; yazılanlar ise tümüyle Çince. Çince bilmiyorum ve bu kâğıt parçalarında ne yazılmış olduğu hakkında en ufak bir fikrim yok. Ancak odada kitaplarla dolu bir kütüphane var ve bu kitaplar da simgelere vereceğim yanıtlarla ilgili olarak adım adım izleyebileceğim talimatlar içeriyor. Simge gruplarına bakıyorum ve yanıt olarak hangi Çince simgeleri kopyalamam gerektiğini söyleyen kitap talimatlarını bire bir uyguluyorum. Bunları bir kâğıda yazıp kapıdaki yarıktan diğer tarafa iletiyorum.

Çince bilen karşı taraf yanıtımı aldığında, yazdıklarım ona bir şey ifade ediyor. Onun bakış açısından, o odanın içindeki her kimse, sorularına kusursuz biçimde yanıt verdiğine göre Çinceyi anladığı kesin. Onu kandırmış oluyorum bu durumda; çünkü yaptığım şey, ne olup bittiğine dair hiç bir şey anlamadan bir dizi talimatı uygulamaktan ibaret. Yeterince zamana ve yeterince büyük bir talimatlar dizisine sahip olduğum sürece, bana Çince sorulmuş neredeyse her tür soruyu yanıtlayabilirim. Ama simgeleri bütün gün kurcaladığım halde, anlamları hakkında en ufak bir fikrim yok.

Searle'e göre, bir bilgisayarın içinde olup bitenler de bu örnektekinden tümüyle farksızdı. iCub ne kadar "zeki" bir program gibi görünürse görünsün, yaptığı tek şey, ortalığa birtakım yanıtlar saçmak için bir dizi talimat uygulamaktan ibaret gibiydi. Sembolleri yönlendiriyor, ama yapmakta olduğu şeyin ne anlama geldiğini gerçekte anlamıyordu.

Google, bu ilke için bir başka örnektir. Google'a bir soru gönderdiğinizde, ne sizin sorunuzu ne de kendi yanıtını anlar. Tek yaptığı, mantık kapılarında sıfırlar ve birler arasında gidip gelerek size sıfırlar ve birler halinde geri dönmektir. Akıl almaz bir program olan Google Çeviri'de, Svahili dilinde kurduğum bir cümle, bana Macarcaya çevrilmiş olarak gelebilir örneğin. Ama burada her şey algoritmalara bağlı, her şey simgeleri yönlendirmekle ilgilidir; tıpkı Çin Odası'ndaki kişinin yaptığı gibi. Google Çeviri, cümleyle ilgili hiç bir şey anlamamış, yaptığı iş ona hiç bir şey ifade etmemiştir.

Çin Odası Argümanı, insan zekâsını taklit eden bilgisayarlar geliştirsek de, bunların ne konuştuklarını anlamayacakları, yaptıkları hiç bir şeyin de anlam içermeyeceğini ileri sürer. Searle'ün bu deneyi tasarlamaktaki amacı, dijital bilgisayarlarla kıyaslamakla yetinildiğinde insan beyninin bazı özelliklerinin açıklanmadan kalmaya mahkûm olduğunu tartışmaktı. Çünkü anlam taşımayan simgelerle bilinçli deneyim arasında büyük bir boşluk vardı.

Çin Odası Argümanı'nın nasıl yorumlanması gerektiğiyle ilgili tartışmalar sürmektedir; ama hangi anlam çıkarılırsa çıkarılırsın, argümanın görünür kıldığı bir gerçek de vardır: fiziksel parça ve bileşenleri yaşama deneyimiyle eşdeğer kılmanın hem çok gizemli hem de çok zor bir süreç olduğu. İnsanınkine benzer bir zekâ yaratmaya her kalkıştığımızda, nörobilimin merkezi ve çözülmemiş bir sorunuyla karşı karşıya buluruz kendimizi: "Ben" olma duygusu kadar zengin ve öznel bir olgu –acının yakıcılığı, kırmızının kırmızılığı, greyfurtun tadı– nasıl olur da işlemlerini yürütüp duran milyarlarca basit beyin hücresinden doğar? Ne de olsa her beyin hücresi yerel kurallara uyan, temel işlemlerini yürüten bir hücredir yalnızca. Tek başına yapabileceği şeyler sınırlıdır. Öyleyse milyarlarca hücre ne yapar da "ben" olmakla tanımlanan öznel deneyimi ortaya çıkarır?

BÜTÜN, PARÇALARIN TOPLAMINDAN BÜYÜK

Gottfried Wilhelm Leibniz, 1714'te tek başına maddenin hiç bir zaman bir zihin üretemeyeceğini ileri sürmüştü. Leibniz, kimi zaman "her şeyi bilen son adam" olarak anılan bir Alman filozof, matematikçi ve bilimciydi. Beyin dokusunun tek başına bir iç yaşamı olamayacağını ileri süren Leibniz, bugün Leibniz'in Değirmeni olarak bilinen bir düşünce deneyi tasarladı. Büyük bir değirmen düşünün. Bunun iç kısmına girecek olsanız, hareket eden çarklar, çubuklar ve kaldıraçlarla dolu bir mekân bulursunuz karşınızda. Bu düzeneğin düşünebildiğini, hissedebildiğini ya da algılayabildiğini düşünmek ise fazlasıyla saçma gelir. Bir değirmen âşık olacak ya da gün batımının tadını çıkaracak değildir ya? Değirmen, bir sürü parça ve bileşenden ibarettir ne de olsa. İşte aynı şey, Leibniz'e göre beyin için de geçerliydi. Beyni bir değirmen boyutlarına genişletip içinde dolaşabilseydiniz, göreceğiniz tek şey de düzeneğin parçaları olurdu. Burada, algıya karşılık gelecek bir şey bulamaz, her şeyin her şey üzerinde etki gösterdiğine tanık olabilirdiniz ancak. Bütün etkileşimleri bir kenara yazacak olsanız, düşünme, hissetme ve algılamayı nereye oturtacağınızı bulmakta zorlanırdınız.

Beynin içine baktığımızda gördüğümüz şey nöronlar, sinapslar, kimyasal ileticiler ve elektriksel etkinliklerdir. Ve birbiriyle gevezelik eden, etkin durumdaki milyarlarca hücre. Peki *siz* neredesiniz? Ya düşünceleriniz? Duygularınız? Mutluluk? Çivit mavisinin rengi? Yalnızca maddeden yapılmış olmanız mümkün mü? Zihin, Leibniz'e göre yalnızca mekanik neden-sonuç ilişkileriyle açıklanamazdı.

Peki, Leibniz'in ileri sürdüğü argümanda gözden kaçırdığı bir şey olabilir miydi? Belki de beynin parça ve bileşenlerine tek tek bakmakla önemli bir püf noktasını atlamıştı. Değirmenin içinde dolaşma düşüncesi, belki de bilinç olgusuna yaklaşmak için doğru yol değildi.

BİR "BELİREN ÖZELLİK" OLARAK BİLİNÇ

İnsan bilincini anlamak için, belki de beynin parça ve bileşenleri çerçevesinde değil, bu bileşenlerin nasıl etkileşim kurduğu çerçevesinde düşünmek gerekir. Eğer basit parçaların kendilerinden büyük bir şeyi nasıl ortaya çıkarabildiğini görmek istiyorsak da, en yakındaki karınca yuvasından öteye bakmaya gerek yoktur.

Yaprak kesici karıncalar, oluşturdukları milyonlarca üyelik koloni içinde kendi besinlerini kendileri yetiştirirler. Karıncalardan bazıları taze bitkiler aramak üzere yuvadan çıkar ve bulduklarında da bitkiden ısırdıkları büyük parçaları yüklenerek yuvaya taşırlar. Ancak karıncalar bu yaprakları yemezler. Daha küçük olan işçi karıncalar yaprak parçalarını alır ve çiğneyerek daha küçük parçalara böldükten sonra, bunları büyük yeraltı "bahçe"lerinde yetiştirdikleri mantarlara gübre olarak kullanırlar. Bu şekilde beslemiş oldukları mantar ise, karıncaların daha sonra yiyeceği spor üretici küçük tomurcuklar oluşturur. (Bu ortakyaşam ilişki artık öyle bir düzeye ulaşmıştır ki, mantar artık tek başına üreyemez hale gelmiştir; üremek için artık tümüyle karıncalara bağımlıdır.) Karıncalar bu başarılı tarım stratejisini kullanarak, yeraltında yüzlerce metre karelik devasa yuvalar inşa ederler. Tıpkı insanlar gibi, onlar da gelişkin bir tarıma dayalı uygarlık kurmuşlardır.

Buradaki önemli nokta şudur: Koloni, olağanüstü işler başaran bir süper-organizmanın özelliklerini taşısa da, her karıncanın tek başına yaptığı şey aslında oldukça basittir. Karınca, yerel talimat ve kurallara uyar, o kadar. Kraliçe buyruk yağdırıp diğer karıncaların davranışlarını yukarıdan düzenlemez. Onun yerine her karınca diğer karıncalardan, larvalardan, davetsiz misafirlerden, yiyecek, artık ya da yapraklardan aldığı yerel kimyasal sinyallere tepki vererek görevini yapar. Ve her karınca, gösterdiği tepkiler yalnızca yerel ortama ve kendi türü için genetik olarak kodlanmış kurallara bağlı olan, gösterişsiz, otonom bir birimdir.

Merkezi bir karar sisteminin yokluğuna rağmen, yaprak kesici karınca kolonileri olağanüstü karmaşık ve incelikli bir davranış biçimi sergiler gibidirler. (Tarımın yanı sıra, başka büyük başarıları da vardır; sözgelimi, ölü karıncaları dışarı atmak için yuvadaki bütün girişlerden en uzak olan noktayı bulmak gibi. Bu, aslında incelikli bir geometri problemidir.)

Karınca örneğinden alınacak önemli ders, koloni düzeyindeki karmaşık davranışların, bireylerin karmaşıklığından kaynaklanmıyor oluşudur. Tek haldeki bir karınca, başarılı bir uygarlığın bir parçası olduğunu bilmez ve küçük, basit programlarını yürütmekle yetinir.

Ancak karıncalar yeterli sayıya ulaştıklarında bir süper-organizma belirmeye başlar; öyle ki, bu oluşumun toplu özellikleri, temel parçaların tek tek taşıdıkları özelliklerden daha karmaşık ve ayrıntılıdır. "Belirme" olarak bilinen bu olgu, basit birimlerin doğru yönde etkileşim kurmaları sonucunda daha büyük ve kapsamlı bir oluşumun ortaya çıkışını betimler.

Buradaki püf noktası, karıncaların *arasındaki* etkileşimdir. Ve aynı şey beyin için de geçerlidir. Nöron, özelleşmiş bir hücredir yalnızca; tıpkı vücudunuzdaki diğer hücreler gibi. Onlardan temel farkı, uzantılar geliştirmesi ve elektrik sinyallerini iletmesini sağlayan bazı özelliklere sahip olmasıdır. Bir karınca gibi, tek haldeki bir beyin hücresinin yaptığı şey de sahip olduğu yerel programı ömrü yettiğince çalıştırmaktır. Bu program çerçevesinde zarı boyunca elektrik sinyallerini taşır, zamanı geldiğinde nörotransmiterlerini dışarıya fırlatır ve başka hücrelerin fırlattığı nörotransmiterleri de kabul eder; hepsi bu. Tek haldeki bir nöron, her şeyden habersiz, karanlıkta yaşar. Ve her nöron da yaşamını diğer hücrelerin oluşturduğu bir ağa gömülü olarak, yalnızca sinyallere tepki vererek geçirir. Shakespeare okumak için gözlerinizi ya da Beethoven çalmak için ellerinizi hareket ettirmenizde rol oynayıp oynamadığını bilmez. Sizin varlığınızdan da haberdar değildir. Bütün hedefleriniz, planlarınız ve becerileriniz tümüyle bu küçük nöronlara bağlı olsa bile, onların yaşadığı dünya daha küçük ölçeklidir; neyi inşa etmek üzere bir araya geldiklerinden haberleri bile yoktur.

Ancak, doğru yönde etkileşim kurmaları koşuluyla, bu temel beyin hücreleri yeterli miktarlarda bir araya geldiğinde zihin de belirmeye başlayacaktır.

Hem karıncalar hem de nöronlar, yaşamlarını yerel kuralları uygulayarak geçirirler. Karıncalar bu tutumlarıyla farkında olmadan karmaşık koloni davranışlarını, nöronlar ise bizleri ortaya çıkarırlar.

Baktığınız her yerde "beliren özellikler" içeren sistemler görürsünüz. Bir uçaktaki hiçbir metal parçası, tek başına uçma özelliğine sahip değildir; ama parçaları doğru biçimde bir araya getirdiğinizde uçma olgusu belirir. Bir sistemin parça ve bileşenleri tek tek çok basit özellikler taşıyabilir; önemli olan etkileşimdir. Birçok durumda, bir parçanın yerine yenisini koymak mümkündür.

BİLİNÇ İÇİN NE GEREKİR?

Kuramsal ayrıntılar henüz tam olarak ortaya konmamış olsa da zihin, beyindeki milyarlarca parça ve bileşenin etkileşimiyle belirir gibidir. Bu da bizi temel bir soruya götürür: Zihin, etkileşimli birçok parçaya sahip herhangi bir şeyden de ortaya çıkabilir mi? Örneğin, bir kent bilince sahip olabilir mi? Kent, ne de olsa birimler arası etkileşimler üzerine kurulu bir yapı değil midir? Bir kent içinde oradan oraya dolaşıp duran sinyalleri bir düşünün: telefon hatları, fiberoptik hatlar, atıkları taşıyan kanalizasyon sistemleri, insanların birbirine verdiği selamlar, trafik ışıkları, vb. ... Bir kentteki etkileşimin ölçeği, bir insan beynindeki etkileşimin ölçeğiyle kıyaslanabilir. Ama bir kentin bilince sahip olup olmadığını anlamak elbette çok zordur. Bunu bize nasıl açıklayabilir ki? Ya da biz ona nasıl sorabiliriz?

Böyle bir soruyu yanıtlamak, daha derin bir soruyu da sormayı gerektirir: Herhangi bir ağın, bilinç deneyimine sahip olmak için belirli sayıda parçadan daha fazlasına mı ihtiyacı vardır acaba? Örneğin, etkileşimlere temel olacak belirli bir yapıya?

Wisconsin Üniversitesi'nden Profesör Giulio Tononi, tam da bu soruya yanıt bulmak için çalışıyor. Tononi, bilinç için nicel bir tanım ileri sürmüş durumda. Ona göre parça ve bileşenlerin arasındaki etkileşim yeterli değil; bu etkileşimin altında belirli bir düzenlenme biçiminin de yatıyor olması gerek.

Tononi, bilinci laboratuvar ortamında araştırmak için transkraniyal manyetik uyarımdan (TMU) yararlanıyor ve bu yöntemle uyanıklık ve derin uyku (yani, 1. Bölüm'de de gördüğümüz üzere, bilincin kaybolduğu uyku) sırasındaki beyin etkinliklerini karşılaştırıyor. Tononi ve ekibi çalışmalarında kortekse önce ani bir elektrik akımı veriyor ve sonra etkinliğin nasıl yayıldığını izliyorlar.

Katılımcı uyanık ve bilinci de açık olduğunda, nöral etkinliğin TMU atımının odak noktasından yayılıp karmaşık bir örüntü oluşturduğu anlaşılıyor. Uzun süreli etkinlik dalgacıkları farklı korteks alanlarına yayılarak ağ içindeki geniş yayılımlı bağlantı eğilimini açığa çıkarıyor. Buna karşılık kişi derin uykudaysa, aynı TMU atımı yalnızca yerel bir bölgeyi uyarıyor ve etkinlik de kısa sürede sönümleniyor. Böylece ağın bağlantılılık özelliğini kaybettiği anlaşılıyor. Aynı durum, komadaki bir kişide de izlenebilir: Bu kişide çok az yayılım gösteren etkinlik, haftalar içinde bilincin yavaş yavaş yeniden kazanılmasıyla, daha geniş bir alana yayılmaya başlar.

Tononi'ye göre bu durumun nedeni, uyanık ve bilinçli olduğumuzda farklı kortikal alanlar arasında yaygın bir iletişimin olması, bilinçdışı uyku durumunun ise alanlar arasındaki iletişimin kesilmesiyle betimleniyor olmasıdır. Bu çerçevede, bilinçli bir sistem; birçok farklı durumu temsil etmek için kusursuz bir denge halinde olan yeterli bir karmaşıklığa ("farklılaşma"), ağın birbirine uzak bölümlerinin sıkı bir iletişim halinde olabilmeleri için de yeterli düzeyde bağlanabilirlik özelliğine ("bütünleşme") gerek duyar. Tononi'nin çizdiği çerçevede, farklılaşma ve bütünleşme arasındaki

BİLİNÇ VE NÖROBİLİM

Öznel ve kişiye özgü deneyimler, yalnızca "o" kişinin kafasının içinde gerçekleşen gösteriler üzerinde duralım biraz da. Güneşin doğuşunu izlerken elimdeki şeftaliden bir ısırık aldığımda, tam olarak nasıl bir iç deneyim yaşadığımı bilemezsiniz; yapabildiğiniz tek şey, kendi deneyimlerinize dayanarak benimki hakkında tahmin yürütmektir. Benim bilinçli deneyimim bana, sizinki size aittir. Öyleyse bilimsel yöntem kullanılarak bilinçli deneyim üzerinde nasıl çalışılabilir?

Araştırmacılar son birkaç on yıldır, bilincin "nöral karşılıklarını" –yani, kişi belirli bir deneyimi yaşarken ve yalnızca o deneyimi yaşarken beliren kesin beyinsel etkinlik örüntülerini– aydınlatmak üzere kolları sıvamışlardır.

Çift-anlamlı ördek/tavşan resmini ele alalım. 4. Bölüm'deki yaşlı kadın/genç kadın örneği gibi bu resmi ilginç kılan özellik de, belirli bir anda resmi yalnızca tek bir şekilde algılayabilmenizdir; ördek ve tavşanı aynı anda göremezsiniz. Öyleyse tavşanı algıladığınız deneyimde, beyninizdeki etkinlik imzası tam olarak nasıldır? Tavşandan ördeğe geçtiğinizde beyninizin farklı olarak yaptığı şey nedir? Sayfada hiç bir şey değişmediğine göre değişen tek şey, bilinçli deneyiminizi ortaya çıkaran beyinsel etkinlik ayrıntıları olmalıdır.

denge nicelendirilebilir; buna göre yalnızca doğru aralık içinde kalan sistemler bilinci deneyimleyebilir.

Tononi'nin kuramı doğru çıkarsa, koma hastalarındaki bilinç düzeyini değerlendirmek için girişimsel yöntemlere gerek kalmayacak, hatta belki canlı özellikleri taşımayan sistemlerde bilinç olup olmadığı bile anlaşılabilecektir. Böylece bir kentteki bilinç durumuna ilişkin soru da yanıt bulabilir. Bu yanıt, bilgi akışının doğru biçimde düzenlenip düzenlenmediğine –kusursuz bir farklılaşma ve bütünleşme oranının varlığına– bağlı olacaktır.

Tononi'nin kuramı, insan bilincinin biyolojik kökenlerinden sıyrılabileceği yönündeki fikirle uyumludur. Bu fikre göre bilinç, beynin ortaya çıkışıyla sonlanan belirli bir yol üzerinde evrimleşmiş olsa da, organik madde üzerine kurulu olması şart değildir; etkileşimlerin doğru biçimde düzenlenmesi koşuluyla silikondan yapılmış olması da pekâlâ mümkündür.

BİLİNCİ "KARŞIYA YÜKLEMEK"

Eğer zihin için kritik önemdeki unsur –donanımın ayrıntıları değil de– yazılım ise, kuramsal olarak kendimizi bedensel çatımızdan öteye taşıyabiliriz. Beyin etkinliklerini simüle eden yeterince güçlü bilgisayarların varlığında, beynimizi "karşıya yüklememiz" mümkün olabilir ve kendimizi birer simülasyon olarak çalıştırarak, içinden doğduğumuz biyolojik beyin yapısından sıyrılıp biyolojik olmayan varlıklara dönüşebiliriz. Bunun, türümüzün tarihi boyunca gerçekleştireceğimiz en büyük sıçrama, insan-ötesi çağa adım atmamızı sağlayan en büyük hamle olacağında kuşku yok.

Vücudunuzu arkada bırakıp simülasyon ürünü bir dünyada yeni bir varlık kazanmanın nasıl bir deneyim olabileceğini düşünün. Dijital varlığınız, isteyebileceğiniz herhangi bir yaşamdan farksız olabilir; programcılar sizin için dilediğiniz sanal dünyayı kurabilir: uçabildiğiniz dünyalar, sualtında yaşayabildiğiniz dünyalar, bir başka gezegenin rüzgârlarını hissedebildiğiniz dünyalar... Sanal beyinlerinizi ister yavaş ister hızlı çalıştırırsınız; böylece zihinleriniz muazzam zaman aralıklarını tarayabilir ya da isterseniz saniyeler ölçeğindeki işlem sürelerini milyarlarca yıllık deneyime dönüştürebilirsiniz.

Başarılı bir yükleme sürecinin önündeki teknik engellerden biri, simüle edilmiş bir beynin, kendini değiştirebilme özelliğine sahip olması gerekliliğidir. Parça ve bileşenlere sahip olmak yeterli değildir; aralarında süregiden etkileşimin fiziğine de ihtiyacımız vardır. Örneğin, hücre çekirdeğine giderek gen ifadesine yol açan transkripsiyon faktörlerinin etkinlikleri, sinapsların konum ve gücündeki dinamik değişimler gibi. Simüle edilmiş deneyimleriniz simüle edilmiş beyninizin yapısını değiştirmediği sürece yeni anılar oluşturamaz ve zamanın ilerlemesine ilişkin herhangi bir algı da yaşayamazsınız. Bu koşullar altında ölümsüzlüğün bir anlamı olur mu sizce?

Karşıya yüklemenin mümkün olduğu anlaşılırsa, başka güneş sistemlerine ulaşma kapasitesini de kazanmış olacağız. Kozmosta, her biri yaklaşık yüz milyar yıldız içeren en az yüz milyar başka galaksi var ve şimdiden, bu yıldızların çevresinde dolanan binlerce dış gezegen seçmiş bulunuyoruz. Bunlardan bir kısmı da Dünya'dakine oldukça benzeyen koşullara sahip. Asıl sorun, şimdiki biyolojik vücudumuzla bu dış gezegenlere ulaşıp ulaşamayacağımız. Böylesine büyük uzaklıkları uzay-zaman ölçeğinde aşabileceğimiz yönünde öngörülebilir hiç bir yol yok. Ancak bir simülasyonu geçici olarak durdurup uzaya fırlatabilir ve bin yıl sonra ulaştığı bir gezegende yeniden çalıştırabilirsiniz. Bu, bilinciniz tarafından Dünya'dayken uzaya fırlatıldığınız ve kendinizi bir anda yeni bir gezegende bulduğunuz biçiminde algılanacaktır. Karşıya yüklemenin gerçekleşmesi, evrenin bir köşesinden diğerine öznel bir zaman dilimi içinde geçmemize olanak sağlaması bakımından, fiziğin solucan deliği bulma düşünün gerçekleşmesine eşdeğerdir.

YOKSA ŞİMDİDEN BİR SİMÜLASYONUN PARÇASI OLARAK MI YAŞIYORUZ?

Kendi simülasyonunuz için seçeceğiniz hayat, Dünya'da şu an yaşamakta olduğunuz hayata çok benzeyebilir. İşte bu basit düşünce, bazı filozofları aslında şimdiden bir simülasyonun içinde yaşayıp yaşamadığımız sorusuna yöneltmiştir. Bu fikir fazlaca fantastik gibi görünse de, kendi gerçekliğimizi kabul etmek konusunda ne kadar kolay oyuna gelebileceğimizi artık biliyoruz. Uykuya daldığımız her gece tuhaf rüyalar görürken, o dünyalara tümüyle inanmaktayızdır çünkü.

KARŞIYA YÜKLEME: SİZ HÂLÂ SİZ MİSİNİZ?

Eğer sizi siz yapan şey fiziksel madde değil de biyolojik algoritmalar ise, günün birinde beyninizi kopyalayıp karşıya yükleyerek silika içinde sonsuz bir yaşama kavuşmanız da mümkün olabilir. Ancak bu noktada önemli bir soru çıkar karşımıza: Ortaya çıkan şey "siz" mi olursunuz gerçekten? Tam olarak değil. Yüklenen bu kopya bütün anılarınızı içermekte ve bilgisayarın hemen yanı başında, vücudunun içinde duran kişinin siz olduğunuzu düşünmektedir. Ama asıl tuhafı şu: Ölmeniz durumunda simülasyonu bir saniye sonra başlatırsak artık söz konusu olan, bir transfer işlemidir ve bunun da *Uzay Yolu*'ndaki ışınlanma sürecinden farkı yoktur. (Bu dizide ışınlanan kişi önce parçalarına ayrıştırılır, bir an sonra da yeni bir versiyonu oluşturulur.) Yükleme uygulaması, aslına bakılırsa her gece uykuya daldığınızda başınıza gelenlerden çok da farklı bir şey olmayabilir. Bu süreçte deneyimlediğiniz şey, bir anlamda bilincinizin kısa süreli ölümüdür; ertesi sabah yatağınızda uyanan kişi ise, gerçekte bütün anılarınızı miras almış, kendisinin de siz olduğunu zanneden bir insandır.

Gerçekliğimizle ilgili sorular yeni değildir. Bundan iki bin üç yüz yıl kadar önce Çinli filozof Chuang Tzu, rüyasında bir kelebek olduğunu görmüş ve uyandıktan sonra şu soru üzerinde düşünmüştü: Chuang Tzu kimliğimle, kendimi rüyamda bir kelebek olarak mı görmüş olduğumu, yoksa aslında şu anki kelebek kimliğimle kendimi rüyamda Chuang Tzu adlı bir adam olarak mı görmekte olduğumu nasıl ayırt edebilirim?

Fransız filozof René Descartes ise aynı problemin farklı bir biçimi üzerinde kafa yormuştu. Onun merak ettiği şey de, yaşamakta olduğumuz şeyin gerçek gerçeklik olduğunu nasıl bilebileceğimizdi. Soruya açıklık kazandırmak amacıyla bir düşünce deneyi kurguladı: Kavanoz içinde duran bir beyin olmadığım ne malum? Belki de birileri o beyni öyle bir uyarıyor ki, benim burada olduğuma, yere bastığıma, şu insanları gördüğüme ve şu sesleri işittiğime inanmamı sağlıyor. Descartes, bunu bilmenin bir yolu olmayabileceği sonucunu çıkardıysa da, farkına vardığı bir şey daha vardı: Bütün bunları anlamaya çalışan bir *ben* var merkezde. Kavanozun içindeki bir beyin olsam da olmasam da, bu problem üzerinde fikir yormaktayım. Bunun hakkında düşünüyorum; öyleyse varım.

GELECEĞE DOĞRU

Önümüzdeki yıllarda beyinle ilgili olarak, günümüzün kuram ve sistemleriyle açıklayabileceğimizden fazlasını keşfedeceğiz. Şu andaysa, dört bir yanımız sırlarla sarılı. Bunların önemli bir bölümünün farkındayız; ama bir o kadarını da henüz belirleyemedik bile. Bir bilim alanı olarak, karşımızda keşfedilmeyi bekleyen engin sular var. Ancak bilimde her zaman olduğu gibi asıl önemlisi, ilgili deneyleri yapıp sonuçları doğru değerlendirmek. Hangi yaklaşımların çıkmazlarla sonlanacağını, hangilerininse bizi zihinlerimizin ayrıntılı planlarına daha fazla yaklaştıracağını ancak bundan sonra söyleyecek bize Tabiat Ana.

Kesin bir şey varsa, o da türümüzün bir başlangıç noktasında olduğu ve bunun niteliğini tam olarak bilmediğimiz. Tarihte benzeri görülmemiş bir dönem yaşıyoruz; beyin bilimleri ve teknolojinin birlikte evrim geçirdikleri bir dönemi. Bu kesişim noktasında olacaklar, bizim kim olduğumuzu da değiştirecek.

İnsanların binlerce kuşak boyunca yineledikleri yaşam döngüsü aşağı yukarı aynı: Doğuyoruz, kırılgan bir bedeni idare etmeye çalışıyoruz, bize sunulan küçük bir duyusal gerçeklik kesitinin tadını çıkarıyoruz ve ölüyoruz.

Bilim bize bu evrimsel hikâyenin ötesine geçebileceğimiz araçları sağlayabilir. Artık kendi donanımımıza müdahale edebildiğimize göre, beynimiz, onu teslim aldığımız şekilde kalmak zorunda değil. Farklı türden duyusal gerçekliklerin, farklı türden bedenlerin içine girebiliyoruz. Sonunda fiziksel çatımızı üzerimizden tümüyle atmamız bile söz konusu olabilir.

Türümüz şu anda, kendi kaderimizi elimize almamızı sağlayacak araçları keşfetme aşamasında.

Ve kime dönüşeceğimiz, tümüyle kendimize bağlı.

TEŞEKKÜR

Beyindeki sihrin birçok parçanın etkileşiminden doğması gibi, bu kitap ve *The Brain* [Beyin] isimli belgesel de birçok kişinin ortak çalışmasıyla ortaya çıktı.

Jennifer Beamish projenin temel direklerinden biri olarak insanları bıkıp usanmadan yönlendirdi, belgeselin sürekli evrilen içeriğini dengede tutmaya çalıştı ve farklı kişiliklerin farklı vurgularını aynı anda idare etmeyi başardı. Beamish, yeri doldurulamaz biriydi ve basitçe söylemek gerekirse bu proje onsuz var olamazdı. Projenin ikinci temel direği Justine Kershaw idi. Büyük projeleri kurgulama ve ele alma, bir şirketin (Blink Films) işlerini yürütme ve sürüsüyle insanı idare etmede Justine'in sergilediği ustalık ve cesaret benim için tükenmez bir esin kaynağı oldu. Belgeselin çekimleri sırasında inanılmaz derecede yetenekli bir yönetmenler ekibiyle çalışma olanağını bulduk: Toby Trackman, Nic Stacey, Julian Jones, Cat Gale ve Johanna Gibbon. Değişen duygu, renk, ışık, sahne ve ton örüntülerine gösterdikleri duyarlık ve kavrama yetileri beni şaşırtmaya devam ediyor. Onlarla birlikte, görsel dünyanın ustaları konumundaki görüntü yönetmenleri Duane McClune, Andy Jackson ve Mark Schwartzbard ile çalışma şansını da yakaladık. Belgesel için gereken günlük yakıtı sağlayanlarsa becerikli ve enerjik yapım yardımcıları Alice Smith, Chris Baron ve Emma Pound oldu.

Kitap için, dünyanın tutarlı biçimde en cesur ve en yetkin yayınevlerinden Canongate Books'ta görev yapan Katy Follain ve Jamie Byng ile çalışmak benim için bir zevkti. Pantheon Books'tan Amerikalı editörüm Dan Frank ile çalışmaktan da aynı derecede onur duydum ve keyif aldım. Kendisi, danışmanım olduğu kadar dostumdur da aynı zamanda.

Bana esin kaynağı olan annem ve babama da sonsuz minnet borçluyum. Babam bir psikiyatrist, annem ise biyoloji öğretmeni ve her ikisi de öğretme ve öğrenme aşkıyla dolu insanlar. Araştırmacılık ve bilimsel iletişime doğru ilerlediğim yolda beni sürekli olarak teşvik ettiler ve cesaretlendirdiler. Çocukluğumda neredeyse hiç televizyon izlemediğimiz halde, ne yapıp edip Carl Sagan'ın *Kozmos* belgeselini izlettirirlerdi bana. Bu proje, işte ta o akşamlara uzanan derin köklere sahiptir.

Dizinin çekimleri ve kitabın yazım aşaması sırasında altüst olan programımla başetmek zorunda kalan parlak, üretken lisans ve doktora sonrası öğrencilerime de ayrıca teşekkür ediyorum.

Beni desteklediği, yüreklendirdiği, zor zamanlarıma katlanmak zorunda kaldığı ve yokluğumda tek başına üstlendiği şeyler için, son ve belki de en büyük teşekkürü güzel eşim Sarah'ya borçluyum. Bu çabanın önemine en az benim kadar inanmasından dolayı kendimi çok şanslı bir insan sayıyorum.

NOTLAR

1. Bölüm – Ben Kimim?

Ergenlik çağında beyin ve artmış özbilinç
Somerville, LH, Jones, RM, Ruberry, EJ, Dyke, JP, Glover, G ve Casey, BJ (2013) "The medial prefrontal cortex and the emergence of self-conscious emotion in adolescence." *Psychological Science*, 24(8), 1554–62.

Yazarlar, medial prefrontal korteks ile striatum adı verilen bir başka beyin bölgesi arasındaki bağlantıların artmış olduğunu görmüşlerdir. Striatum ve dahil olduğu bağlantı ağı, güdüleri eyleme dönüştürmede devreye girer. Yazarlara göre bu bağlantılar, onlu yaşlarda sosyal kaygı ve düşüncelerin davranışı neden güçlü biçimde etkilediğini ve bu gençlerin neden akranlarının varlığında risk almaya daha yatkın olduklarını açıklıyor olabilir.

Bjork, JM, Knutson, B, Fong, GW, Caggiano, DM, Bennett, SM ve Hommer, DW (2004) "Incentive-elicited brain activation in adolescents: similarities and differences from young adults." *The Journal of Neuroscience*, 24(8), 1793–1802.

Spear, LP (2000) "The adolescent brain and age-related behavioral manifestations." *Neuroscience and Biobehavioral Reviews*, 24(4), 417–63.

Heatherton, TF (2011) "Neuroscience of self and self-regulation." *Annual Review of Psychology*, 62, 363–90.

Taksi şoförleri ve Londra Bilgisi

Maguire, EA, Gadian, DG, Johnsrude, IS, Good, CD, Ashburner, J, Frackowiak, RS ve Frith, CD (2000) "Navigation-related structural change in the hippocampi of taxi drivers." *Proceedings of the National Academy of Sciences of the United States of America*, 97(8), 4398–4403.

Beyindeki hücre sayısı

Nöronlarla gliya hücrelerinin sayısı eşittir ve beynin bütününde her birinden yaklaşık seksen altı milyar adet bulunur.

Azevedo, FAC, Carvalho, LRB, Grinberg, LT, Farfel, JM, Ferretti, REL, Leite, REP ve Herculano-Houzel, S (2009) "Equal numbers of neuronal and nonneuronal cells make the human brain an isometrically scaled-up primate brain." *The Journal of Comparative Neurology*, 513(5), 532–41.

Bağlantıların, yani sinapsların sayısı hakkındaki tahminler birbirinden çok farklıdır; ancak yüz milyara yakın nöron ve bunlardan her birine ait on bin bağlantı olduğu göz önünde alındığında, sayının bir katrilyon (yani bin milyar) olduğu yolundaki tahmin, akla yakındır. Bazı nöron tipleri daha az sinaps yaparken, bazılarında da (ör. Purkinje hücreleri) sinaps sayısı çok fazladır - her biri için yaklaşık iki yüz bin kadar.

Ayrıca, Eric Chudler'ın "Brain Facts and Figures" (Beyinle İlgili Bilgiler ve Rakamlar) başlığı altında düzenlediği ansiklopedik bilgi ve rakamlara ulaşmak için bkz: faculty.washington.edu/chudler/facts.html.

Romanyalı yetimler

Nelson, CA (2007) "A neurobiological perspective on early human deprivation." *Child Development Perspectives*, 1(1), 13–18.

Müzisyenlerde bellek üstünlüğü

Chan, AS, Ho, YC ve Cheung, MC (1998) "Music training improves verbal memory." *Nature, 396*(6707).

Jakobson, LS, Lewycky, ST, Kilgour, AR ve Stoesz, BM (2008) "Memory for verbal and visual material in highly trained musicians." *Music Perception, 26*(1), 41–55.

Einstein'ın beyni ve Omega işareti

Falk, D (2009) "New information about Albert Einstein's Brain." *Frontiers in Evolutionary Neuroscience, 1.*

Ayrıca bkz. Bangert, M ve Schlaug, G (2006) "Specialization of the specialized in features of external human brain morphology." *The European Journal of Neuroscience, 24*(6), 1832–4.

Geleceğin anısı
Schacter, DL, Addis, DR ve Buckner, RL (2007) "Remembering the past to imagine the future: the prospective brain." *Nature Reviews Neuroscience*, 8(9), 657–61.

Corkin, S (2013) *Permanent Present Tense: The Unforgettable Life Of The Amnesic Patient.* Basic Books.

Rahibelerle yapılan çalışma
Wilson, RS ve diğ. "Participation in cognitively stimulating activities and risk of incident Alzheimer disease." *Jama* 287.6 (2002), 742–48.

Bennett, DA ve diğ. "Overview and findings from the religious orders study." *Current Alzheimer Research* 9.6 (2012): 628.

Araştırmacılar otopsilerde aldıkları örneklerde, bilişsel sorunu bulunmayan insanların yarısında beyin patolojisine ilişkin işaretlere rastladılar. Grubun üçte biri ise, Alzheimer hastalığının patolojik eşik ölçütlerini karşılamaktaydı. Başka bir ifadeyle, ölmüş olan katılımcıların beyinlerinde hastalıkla ilgili yaygın izlere rastlanmış olsa da, bu patolojiler bireyde bilişsel gerileme olasılığının ancak yarısı kadarına karşılık gelmekteydi. Din Görevlileri Çalışması ile ilgili daha fazla bilgi için bkz. www.rush.edu/services-treatments/alzheimers-disease-center/religiousorders-study

Zihin - Beden problemi
Descartes, R (2008) *Meditations on First Philosophy* (Michael Moriarty'nin 1641 tarihli baskıdan çevirisi). Oxford University Press.

2. Bölüm – Gerçeklik nedir?

Görsel yanılsamalar
Eagleman, DM (2001) "Visual illusions and neurobiology." *Nature Reviews Neuroscience.* 2(12), 920–6.

Prizmatik gözlükler
Brewer, AA, Barton, B ve Lin, L (2012) "Functional plasticity in human

parietal visual field map clusters: adapting to reversed visual input." *Journal of Vision,* 12(9), 1398.

Deney sonlanıp gönüllüler de gözlüklerini çıkardıktan sonra, normal becerilerine dönmeleri bir-iki gün kadar sürer; çünkü beyinleri bu arada herşeyi yeniden düzenlemek durumundadır.

Çevreyle etkileşim yoluyla beyin devrelerinin kurulması

Held, R ve Hein, A (1963) "Movement-produced stimulation in the development of visually guided behavior." *Journal of Comparative and Physiological Psychology*, 56 (5), 872–6.

Sinyallerin eşzamanlı hale getirilmesi

Eagleman, DM (2008) "Human time perception and its illusions." *Current Opinion in Neurobiology.* 18(2), 131–36.

Stetson C, Cui, X, Montague, PR ve Eagleman, DM (2006) "Motor-sensory recalibration leads to an illusory reversal of action and sensation." *Neuron.* 51(5), 651–9.

Parsons, B, Novich SD ve Eagleman DM (2013) "Motor-sensory recalibration modulates perceived simultaneity of cross-modal events." *Frontiers in Psychology.* 4:46.

Çukur maske yanılsaması

Gregory, Richard (1970) *The Intelligent Eye.* London: Weidenfeld & Nicolson.

Kroliczak, G, Heard, P, Goodale, MA ve Gregory, RL (2006) "Dissociation of perception and action unmasked by the hollow-face illusion." *Brain Res.* 1080 (1):9–16.

İlginç bir not düşecek olursak; şizofreni hastaları çukur maske yanılsamasına daha az yatkındırlar:

Keane, BP, Silverstein, SM, Wang, Y ve Papathomas, TV (2013) "Reduced depth inversion illusions in schizophrenia are state-specific and occur for multiple object types and viewing conditions." *J Abnorm Psychol* 122 (2): 506–12.

Sinestezi

Cytowic, R ve Eagleman, DM (2009) *Wednesday is Indigo Blue: Discovering the Brain of Synesthesia.* Cambridge, MA: MIT Press.

Witthoft N, Winawer J, Eagleman DM (2015) "Prevalence of learned graphemecolor pairings in a large online sample of synesthetes." *PLoS ONE.* 10(3), e0118996.

Tomson, SN, Narayan, M, Allen, GI ve Eagleman DM (2013) "Neural networks of colored sequence synesthesia." *Journal of Neuroscience.* 33(35), 14098–106.

Eagleman, DM, Kagan, AD, Nelson, SN, Sagaram, D ve Sarma, AK (2007) "A standardized test battery for the study of Synesthesia." *Journal of Neuroscience Methods.* 159, 139–45.

Zaman bükülmesi

Stetson, C, Fiesta, M ve Eagleman, DM (2007) "Does time really slow down during a frightening event?" *PloS One*, 2(12), e1295.

3. Bölüm – Kontrol kimde?

Bilinçdışı beynin gücü

Eagleman, DM (2013) Incognito: Beynin Gizli Hayatı, Domingo Yayınevi

Beyin *başlıklı kitabımın içeriğine eklediğim bazı kavram ve olaylar,* Incognito *kitabımın içeriğiyle çakışmaktadır. Bunların arasında Mike May, Charles Whitman ve Ken Parks'ı konu alan vaka örnekleri, Yarbus'un göz hareketlerini izleme deneyi, vagon açmazı, emlak krizi ve Odysseus anlaşması yer almaktadır. Elinizdeki kitabın çatısını oluştururken, bu çakışmanın hoşgörülebilir olduğu düşünülmüştür. Bunun nedeni, konuların farklı biçimde ele alınmaları ve farklı amaçlara hizmet etmeleridir.*

Büyümüş gözbebekleri ve çekicilik

Hess, EH (1975) "The role of pupil size in communication," *Scientific American,* 233(5), 110–12.

Akış durumu

Kotler, S (2014) *The Rise of Superman: Decoding the Science of Ultimate Human Performance*. Houghton Mifflin Harcourt.

Karar vermede bilinçaltı etkiler

Lobel, T (2014) *Sensation: The New Science of Physical Intelligence*. Simon & Schuster.

Williams, LE ve Bargh, JA (2008) "Experiencing physical warmth promotes interpersonal warmth." *Science*, 322(5901), 606–7.

Pelham, BW, Mirenberg, MC ve Jones, JT (2002) "Why Susie sells seashells by the seashore: implicit egotism and major life decisions," *Journal of Personality and Social Psychology* 82, 469–87.

4. Bölüm – Nasıl karar veririm?

Karar verme

Montague, R (2007) *Your Brain is (Almost) Perfect: How We Make Decisions*. Plume.

Nöron gruplaşmaları

Crick, F ve Koch, C (2003) "A framework for consciousness." *Nature Neuroscience*, 6(2), 19–26.

Vagon açmazı

Foot, P (1967) "The problem of abortion and the doctrine of the double effect." Yeniden basım: *Virtues and Vices and Other Essays in Moral Philosophy* (1978). Blackwell.

Greene, JD, Sommerville, RB, Nystrom, LE, Darley, JM ve Cohen, JD (2001) "An fMRI investigation of emotional engagement in moral judgment." *Science*, 293(5537), 2105–8.

"Emosyon" kapsamına alınan duygular, belirli olaylar karşısında ortaya çıkan ölçülebilir fiziksel tepkilerdir. Bunun yanında, bu bedensel işaretlere eşlik eden öznel deneyimler de duygu olarak adlandırılır. Bunlar, insanların mutluluk, imrenme, üzüntü vb. olarak deneyimlediği hislerdir.

Dopamin ve beklenmedik ödüller

Zaghloul, KA, Blanco, JA, Weidemann, CT, McGill, K, Jaggi, JL, Baltuch, GH ve Kahana, MJ (2009) "Human substantia nigra neurons encode unexpected financial rewards." *Science*, 323(5920), 1496–9.

Schultz, W, Dayan, P ve Montague, PR (1997) "A neural substrate of prediction and reward." *Science*, 275(5306), 1593–9.

Eagleman, DM, Person, C ve Montague, PR (1998) "A computational role for dopamine delivery in human decision-making." *Journal of Cognitive Neuroscience*, 10(5), 623–30.

Rangel, A, Camerer, C ve Montague, PR (2008) "A framework for studying the neurobiology of value-based decision making." *Nature Reviews Neuroscience*, 9(7), 545–56.

Yargıçlar ve şartlı tahliye kararları

Danziger, S, Levav, J ve Avnaim-Pesso, L (2011) "Extraneous factors in judicial decisions." *Proceedings of the National Academy of Sciences of the United States of America*, 108(17), 6889–92.

Karar verme sürecinde duygular

Damasio, A (2008) *Descartes' Error: Emotion, Reason and the Human Brain*. Random House.

Şimdi'nin gücü

Dixon, ML (2010) "Uncovering the neural basis of resisting immediate gratification while pursuing long-term goals." *The Journal of Neuroscience*, 30(18), 6178–9.

Kable, JW ve Glimcher, PW (2007) "The neural correlates of subjective value during intertemporal choice." *Nature Neuroscience*, 10(12), 1625–33.

McClure, SM, Laibson, DI, Loewenstein, G ve Cohen, JD (2004) "Separate neural systems value immediate and delayed monetary rewards." *Science*, 306(5695), 503–7.

Anlık olanın gücü, yalnızca "şu an" için değil, gözünüzün hemen önünde olan şeyler için de geçerlidir. Felsefeci Peter Singer'ın ileri sürdüğü şu senaryoyu ele alalım: Elinizdeki sandviçi yemek üzereyken kaldırımda aç bir çocuk görüyorsunuz. Sandviçi çocuğa mı verirsiniz yoksa kendiniz mi yersiniz? Birçok kişi, sandviçi seve seve çocuğa verecektir. Ama şu anda Afrika'da, tıpkı kaldırımdaki çocuk gibi açlık çekmekte olan bir çocuk daha var. Elinizdeki sandviçin bedeli olan 5 doları ona göndermek, bil-

gisayar farenizle bir kutuya tıklamanıza bakıyor yalnızca. Ama birinci senaryodaki hayırseverliğinize rağmen, bugün, hatta yakın geçmişte de o çocuğa büyük olasılıkla sandviç parası göndermediniz. Ona yardım için neden harekete geçmediniz peki? Bunun nedeni, birinci senaryoda çocuğun hemen önünüzde olması, ikinci senaryonun ise çocuğu hayal etmenizi gerektirmesidir.

İrade gücü

Muraven, M, Tice, DM ve Baumeister, RF (1998) "Self-control as a limited resource: regulatory depletion patterns." *Journal of Personality and Social Psychology*, 74(3), 774.

Baumeister, RF ve Tierney, J (2011) *Willpower: Rediscovering the Greatest Human Strength*. Penguin.

Siyasi görüşler ve iğrenme duygusu

Ahn, W-Y, Kishida, KT, Gu, X, Lohrenz, T, Harvey, A, Alford, JR ve Dayan, P (2014) "Nonpolitical images evoke neural predictors of political ideology." *Current Biology*, 24(22), 2693–9.

Oksitosin

Scheele, D, Wille, A, Kendrick, KM, Stoffel-Wagner, B, Becker, B, Gunturkun, O ve Hurlemann, R (2013) "Oxytocin enhances brain reward system responses in men viewing the face of their female partner." *Proceedings of the National Academy of Sciences*, 110(50), 20308–313.

Zak, PJ (2012) *The Moral Molecule: The Source of Love and Prosperity*. Random House.

Kararlar ve toplum

Levitt, SD (2004) "Understanding why crime fell in the 1990s: four factors that explain the decline and six that do not." *Journal of Economic Perspectives*, 163–90.

Eagleman, DM ve Isgur, S (2012). "Defining a neurocompatibility index for systems of law". In *Law of the Future*, Hague Institute for the Internationalisation of Law. 1(2012), 161–172.

Beyin görüntüleme uyguamalarında gerçek-zamanlı geribildirim

Eagleman, DM (2013) Incognito: Beynin Gizli Hayatı, Domingo Yayınevi

5. Bölüm – Size ihtiyacım var mı?

Başkalarının niyetlerini yorumlama

Heider, F ve Simmel, M (1944) "An experimental study of apparent behavior." *The American Journal of Psychology*, 243–59.

Empati

Singer, T, Seymour, B, O'Doherty, J, Stephan, K, Dolan, R ve Frith, C (2006) "Empathic neural responses are modulated by the perceived fairness of others." *Nature*, 439(7075), 466–9.

Singer, T, Seymour, B, O'Doherty, J, Kaube, H, Dolan, R ve Frith, C (2004) "Empathy for pain involves the affective but not sensory components of pain." *Science*, 303(5661), 1157–62.

Empati ve dış gruplar

Vaughn, DA, Eagleman, DM (2010) "Religious labels modulate empathetic response to another's pain." Society for Neuroscience abstract.

Harris, LT ve Fiske, ST (2011). "Perceiving humanity." - A. Todorov, S. Fiske, ve D. Prentice (ed.). *Social Neuroscience: Towards Understanding the Underpinnings of the Social Mind,* Oxford Press kapsamında.

Harris, LT ve Fiske, ST (2007) "Social groups that elicit disgust are differentially processed in the mPFC." *Social Cognitive Affective Neuroscience*, 2, 45–51.

Diğer beyinlere adanmış beyin devreleri

Plitt, M, Savjani, RR ve Eagleman, DM (2015) "Are corporations people too? The neural correlates of moral judgments about companies and individuals." *Social Neuroscience,* 10(2), 113–25.

Bebekler ve güvenilirlik

Hamlin, JK, Wynn, K ve Bloom, P (2007) "Social evaluation by preverbal infants." *Nature*, 450(7169), 557–59.

Hamlin, JK, Wynn, K, Bloom, P ve Mahajan, N (2011) "How infants and toddlers react to antisocial others." *Proceedings of the National Academy of Sciences*, 108(50), 19931–36. Hamlin, JK ve Wynn, K (2011) "Young infants prefer prosocial to antisocial others." *Cognitive Development.* 2011, 26(1):30-39. doi:10.1016/j.cogdev.2010.09.001.

Bloom, P (2013) *Just Babies: The Origins of Good and Evil.* Crown.

Başkalarının yüz ifadelerini taklit yoluyla duyguları okumak

Goldman, AI ve Sripada, CS (2005) "Simulationist models of face-based emotion recognition." *Cognition*, 94(3).

Niedenthal, PM, Mermillod, M, Maringer, M ve Hess, U (2010) "The simulation of smiles (SIMS) model: embodied simulation and the meaning of facial expression." *The Behavioral and Brain Sciences,* 33(6), 417–33; discussion 433–80.

Zajonc, RB, Adelmann, PK, Murphy, ST ve Niedenthal, PM (1987) "Convergence in the physical appearance of spouses." *Motivation and Emotion,* 11(4), 335–46.

Professor Pascual-Leone, John Robison ile gerçekleştirilen TMU deneyiyle ilgili olarak şu açıklamayı yapmıştır: "Nörobiyolojik açıdan neler olduğunu tam olarak bilmiyoruz; ancak bu çalışmanın, [John ile ilgili çalışmadan yola çıkarak] hangi davranışsal modifikasyonların, hangi girişimlerin uygulanabilir olduğunu anlamamız için bir kapı aralayacağını düşünüyorum."

Botox, yüz okuma becerisini zayıflatır

Neal, DT ve Chartrand, TL (2011) "Embodied emotion perception amplifying and dampening facial feedback modulates emotion perception accuracy." *Social Psychological and Personality Science*, 2(6), 673–8.

Söz konusu etki, küçük ama önemlidir: Duyguların tanımlanmasında Botox kullanıcıları ortalamada %70'lik bir başarı payı yakalarken, bu oran kontrol grubunda %77 olarak ortaya çıkmıştır.

Baron-Cohen, S, Wheelwright, S, Hill, J, Raste, Y ve Plumb, I (2001) "The 'Reading the Mind in the Eyes' test revised version: A study with normal adults, and adults with Asperger syndrome or high-functioning autism." *Journal of Child Psychology and Psychiatry,* 42(2), 241–51.

Toplumsal dışlanmanın verdiği acı

Eisenberger, NI, Lieberman, MD ve Williams, KD (2003) "Does rejection hurt? An fMRI study of social exclusion." *Science*, 302(5643), 290–92.

Eisenberger, NI ve Lieberman, MD (2004) "Why rejection hurts: a common neural alarm system for physical and social pain." *Trends in Cognitive Sciences*, 8(7), 294–300.

Tecrit

Televizyon dizisi için Sarah Shourd ile yaptığımız görüşmelerin yanı sıra, bkz.:

Pesta, A (2014) 'Like an Animal': Freed U.S. Hiker Recalls 410 Days in Iran Prison. NBC News.

Psikopatlar ve prefrontal korteks

Koenigs, M (2012) "The role of prefrontal cortex in psychopathy." *Reviews in the Neurosciences*, 23(3), 253–62.

Psikopatlarda farklı biçimde etkinleşen beyin alanları, prefrontal korteksin orta hattında yer alan iki komşu bölgedir: ventromedial prefrontal korteks ve ön singulat korteks. Toplumsal ve duygusal karar vermeyle ilgili çalışmalarda sıklıkla kendilerini gösteren bu alanların, psikopatide düşük duyarlık sergiledikleri gözlenmiştir.

Mavi göz - kahverengi göz deneyi

Konuşma metninin kaynağı: *A Class Divided*, ilk yayın tarihi: 26 Mart 1985.

Yapım ve yönetim: William Peters. Senaryo: William Peters ve Charlie Cobb.

6. Bölüm – Kime dönüşeceğiz?

İnsan vücudundaki hücrelerin sayısı

Bianconi, E, Piovesan, A, Facchin, F, Beraudi, A, Casadei, R, Frabetti, F ve Canaider, S (2013) "An estimation of the number of cells in the human body." *Annals of Human Biology*, 40(6), 463–71.

Beyin plastisitesi

Eagleman, DM (basıma hazırlanıyor). *LiveWired: How the Brain Rewires Itself on the Fly*. Canongate.

Eagleman, DM (March 17th 2015). David Eagleman: "Can we create new senses for humans?" TED conference. [Video dosyası]. http://www.ted.com/talks/david_eagleman_can_we_create_new_senses_for_humans?

Novich, SD ve Eagleman, DM (2015) "Using space and time to encode vibrotactile information: toward an estimate of the skin's achievable throughput." *Experimental Brain Research*, 1–12.

Koklear implantlar

Chorost, M (2005) *Rebuilt: How Becoming Part Computer Made Me More Human.* Houghton Mifflin Harcourt.

Duyusal değiştirim

Bach-y-Rita, P, Collins, C, Saunders, F, White, B ve Scadden, L (1969) "Vision substitution by tactile image projection." *Nature*, 221(5184), 963–4.

Danilov, Y ve Tyler, M (2005) "Brainport: an alternative input to the brain." *Journal of Integrative Neuroscience,* 4(04), 537–50.

Konektom: beyindeki bütün bağlantıların haritasını çıkarma çalışması

Seung, S (2012) *Connectome: How the Brain's Wiring Makes Us Who We Are.* Houghton Mifflin Harcourt.

Kasthuri, N ve diğ. (2015) "Saturated reconstruction of a volume of neocortex." Cell.

Fare beyninin hacmi için kullanılan görüntü: Daniel R Berger, H Sebastian Seung ve Jeff W. Lichtman.

İnsan Beyni Projesi

Blue Brain Projesi: http://bluebrain.epfl.ch. Blue Brain ekibi, İnsan Beyni Projesi'ni (Human Brain Project - HBP) yürütmek için şu anda seksen yedi uluslararası ekiple birlikte çalışmaktadır.

Farklı ortamlarda bilgisayımsal işlemler

Alışılmadık ortamlar üzerine kurulmuş bilgisayımsal aygıtlar uzun bir tarihe sahiptir. Su Entegratörü adıyla bilinen ilk analog bilgisayarlar, 1936'da Sovyetler Birliği tarafından geliştirilmişti.

Su bilgisayarlarının daha yeni örnekleri, mikrosıvılardan yararlanır – bkz: Katsikis, G, Cybulski, JS ve Prakash, M (2015) "Synchronous universal droplet logic and control." *Nature Physics.*

Çin Odası Argümanı
Searle, JR (1980) "Minds, brains, and programs." *Behavioral and Brain Sciences* 3(03), 417–24.

Çin Odası deneyiyle ilgili bu yoruma katılmayanlar da vardır. Kimilerine göre, kabindeki kişinin kendisi Çince anlamasa da, sistemin bütünü (kişi artı kitaplar) anlamaktadır.

Leibniz'in Değirmeni Argümanı
Leibniz, GW (1989) *The Monadology*. Springer.

Argüman, Leibniz tarafından şöyle dile getirilmiştir:

> *Bunun da ötesinde, algı ve ona bağımlı olan olguların mekanik bir temel üzerinden, yani rakamlar ve hareketler aracılığıyla açıklanamayacağı kabul edilmelidir. Düşünmek, hissetmek ve algılamak üzere inşa edilmiş bir makinenin varolduğunu ve bunun da bir değirmenin içine girer gibi gireceğimiz şekilde, oranları korunarak büyütüldüğünü farz edelim. Durum böyleyken, içini incelediğimizde göreceğimiz de algıyı açıklayabilecek herhangi bir şey değil, yalnızca birbiri üzerine etkiyen parçalar olacaktır. Dolayısıyla algının aranması gereken yer bir bileşik ya da bir makine değil, basit bir maddedir. Dahası, basit bir maddede bulunabilecek tek şey de yalnızca budur (yani algı ve algı değişimleri). Ve basit maddelerin bütün iç faaliyetlerinin gerçekleşebileceği tek yer de yalnızca burasıdır.*

Karıncalar
Holldobler, B ve Wilson, EO (2010) *The Leafcutter Ants: Civilization by Instinct* . WW Norton & Company.

Bilinç
Tononi, G (2012) *Phi: A Voyage from the Brain to the Soul.* Pantheon Books.

Koch, C (2004) *The Quest for Consciousness.* New York.

Crick, F ve Koch, C (2003) "A framework for consciousness." *Nature Neuroscience*, 6(2), 119–26.

GÖRSELLER

s.11 © Corel, J. L.; s. 45 © Akiyoshi Kitaoka; s. 46 © Edward Adelson, 1995; s. 59 © Blink Films, 2015; s. 66 © Science Museum/Science & Society Picture Library; s. 69 © Springer; s. 79 © David Eagleman; s. 94 © Otoomuch; s. 162 © Fritz Heider and Marianne Simmel; s. 171 © Simon Baron-Cohen ve diğ.; s. 177 © 5W Infographics; s. 199 © David Eagleman; s. 206 © Bret Hartman/TED; s. 53, 100, 126, 127, 218, 223 © Ciléin Kearns; s. 128, 129, 141, 149, 186 © Dragonfly Media; bu sayfalardaki görseller, kamu kullanımına açıktır: 41, 88, 120, 236

Telif hakkı sahiplerini bulmak ve telif haklarına tabi malzemelerin kullanımına yönelik izinleri almak için her türlü çaba gösterilmiştir. Yayımcı, yapılmış olabilecek hata ya da atlanmış olabilecek hak sahipleri için özür dilemekte ve kitabın daha sonraki baskılarında dahil edilmesi gereken düzeltmeler konusundaki uyarılar için minnettar olacağını bildirmektedir.

SÖZLÜK

Aksiyon Potansiyeli Belirli bir eşik değerine ulaşan nöron voltajının, hücre zarı boyunca yayılan bir zincirleme tepkiye yol açtığı, bir milisaniyelik kısa olay. Hücre zarının içi ve dışı arasında iyon alışverişinin gerçekleştiği bu zincirleme tepki, akson ucundan nörotransmiter (sinirsel iletici) salınmasına neden olur.

Akson Elektrik sinyallerini hücre gövdesinden dışarıya iletme yetisine sahip, anatomik nöron "çıktı" uzantısı.

Ayrık Beyin Ameliyatı Korpus kallostomi olarak da bilinen bu ameliyatta, başka yollarla tedavi edilemeyen sara hastalığını kontrol amacıyla korpus kallosum adlı beyin yapısı kesilerek, iki beyin yarımküresi arasındaki bağlantı ortadan kaldırılmış olur.

Beyin İşlevleriyle İlgili Bilgisayımsal Varsayım Beyindeki bilgisayımsal işlemlerin beyin içi etkileşimlerce yürütüldüğünü ve farklı bir ortamda yürütülen aynı işlemlerin, yine zihni ortaya çıkarabileceğini ileri süren varsayım.

Dendritler Diğer nöronlardan hücre gövdesine salınan nörotransmiterlerin tetiklediği elektrik sinyallerini hücre içine taşıyan anatomik nöron "girdi" uzantıları.

Dopamin Beyinde motor kontrol, bağımlılık ve ödül mekanizmalarıyla ilgili bir nörotransmiter.

Duyusal Değiştirim Yitirilen belirli bir duyuyu telafi etmek için uygulanan bir yaklaşım. Bu çerçevede duyusal bilgi, beyne alışılmadık duyu kanallarıyla aktarılır. Örneğin, görsel bilgi dilde titreşimlere, işitsel bilgi de gövdede titreşim örüntülerine dönüştürülerek bireyin dolaylı yoldan görmesi ya da işitmesi sağlanır.

Duyusal Dönüştürme Dış ortamdan gelen fotonlar (görme), hava basınç dalgaları (işitme) ya da koku molekülleri (koku) gibi sinyaller, özelleşmiş hücreler tarafından aksiyon potansiyellerine dönüştürülür. Bu, vücut dışından beyne ulaşan bilginin alınmasındaki ilk adımdır.

Elektroensefalografi (EEG) İletken elektrotların kafa yüzeyine yerleştirilmesi yoluyla beyindeki elektriksel etkinlikleri milisaniyelik çözünürlükle ölçmeye yarayan teknik. Her elektrot, bulunduğu yerin derinlerinde yer alan milyonlarca nöronun toplam etkinliğini yakalar. Bu yöntem, korteksteki beyin etkinliklerinde gerçekleşen hızlı değişimleri yakalamada kullanılır.

Galvanik Deri Tepkisi Bilinçli farkındalık düzeyinin altında kaldıklarında bile, yeni ve stres yaratıcı durumlar ya da yoğun duygu anlarında otonom sinir sisteminde gerçekleşen değişimleri ölçmeye yarayan teknik. Tekniğin uygulamasında, deri ter bezlerinin etkinliğine göre deride değişen elektriksel özellikler, parmak ucuna bağlanan bir aygıt aracılığıyla izlenir.

Gliya Hücresi Nöronlara besin ve oksijen sağlayarak, atıkları uzaklaştırarak ve fiziksel destek işlevi görerek onları koruyan özelleşmiş beyin hücreleri.

İşlevsel Manyetik Rezonans Görüntüleme (fMRI) Beyindeki kan akışını milimetre çözünürlükle ölçerek beyin etkinliğini saniyelik çözünürlükle algılayan bir beyin görüntüleme tekniği.

Konektom Beyindeki bütün nöronal bağlantıları gösteren üç boyutlu harita.

Korpus Kallosum Beynin iki yarımküresi arasındaki uzunlamasına yarığın içinde yer alan ve bu iki yarımküre arasında iletişime olanak tanıyan sinir lifleri şeridi.

Nöral Sinir sistemi ya da nöronlarla ilgili olan.

Nöron Diğer hücrelerle elektrokimyasal sinyaller aracılığıyla iletişim kuran ve hem merkezi hem de çevresel sinir sistemi bileşenlerinde (beyin, omurilik ve duyu hücreleri gibi) bulunan özelleşmiş hücre.

Nörotransmiter (Sinirsel İletici) Genellikle sinaps bölgesinde olmak üzere, bir nörondan alıcı konumundaki başka bir nörona iletilen kimyasallar. Bunlar beyin, omurilik ve bütün vücuda yayılmış bulunan duyusal nöronların da dahil olduğu merkezi ve çevresel sinir sisteminde bulunurlar. Nöronlar birden fazla nörotransmiter salabilir.

Odysseus Anlaşması Gelecekte akılcı bir seçim yapma gücünü bulamayabileceğini anladığında, kişinin kendisini gelecekteki olası bir hedefe bağlamak amacıyla yaptığı, bozulamaz nitelikteki anlaşma.

Parkinson Hastalığı Orta beyinde substantia nigra adlı dopamin üretici yapıdaki hasara bağlı olarak, hareket güçlükleri ve titremelerle kendini gösteren, ilerleyici bir hastalık.

Plastisite Beynin yeni nöral bağlantılar kurarak ya da var olan nöral bağlantılarda değişiklikler yaparak sergilediği uyum yeteneği. Beynin plastisite özelliği, hasara bağlı işlev bozukluklarını telafi etmek açısından önemlidir.

Serebellum (Beyincik) Başın arka kısmında, serebral korteksin hemen altında yer alan ve ondan daha küçük olan anatomik yapı. Beynin bu bölgesi seri ve akıcı motor hareketlerin kontrolü, denge, duruş ve olasılıkla da bazı bilişsel işlevlerde önemli rol oynar.

Serebrum İnsan beyninin, dış kısımdaki büyük ve kıvrımlı serebral korteks, hipokampus, bazal gangliyonlar ve koku soğancığını kapsayan bölümü. Evrimsel olarak üst düzeydeki memelilerde gelişen bu beyin bölgesi, daha gelişkin bilişsel işlevler ve davranışlara katkıda bulunur.

Sinaps Genellikle bir nöronun aksonu ile bir başka nöronun dendriti arasında kalan ve nörotransmiterlerin salınmasıyla nöronlar arasında iletişimin sağlandığı boşluk. Aksonlar arası ya da dendritler arası sinapslar da vardır.

Transkraniyal Manyetik Uyarım (TMU) Beyin etkinliğini uyarmak ya da baskılamak için kullanılan ve cerrahi girişim gerektirmeyen bir teknik. Bu teknikte, yüzey altındaki nöral dokuda küçük elektrik akımları oluşturmak için bir manyetik atımdan yararlanılır. Tekniğin kullanım amacı ise genellikle belirli beyin alanlarının nöral devrelere etkisini anlamaktır.

Ventral Tegmental Alan Orta beyinde yer alan ve çoğunluğunu dopaminerjik (dopamine duyarlı) nöronların oluşturduğu yapı. Bu yapı, ödül sisteminde kritik rol oynar.

Yabancı El Sendromu Sara hastalığının "korpus kallostomi" adı verilen yöntemle tedavisi sonucunda beliren bozukluk. Ayrık beyin ameliyatı olarak da bilinen bu yöntemde korpus kallosum kesilerek beynin iki yarımküresi birbirinden ayrılır. Bu bozukluk tek taraflı ve kimi zaman da çapraşık el hareketlerine neden olur. Hasta, bu hareketlerin istemsiz olarak ortaya çıktığı duygusunu yaşar.